U0511422

新社会观

［英］罗伯特·欧文 著

柯象峰 何光来 秦果显 译

商务印书馆
创于1897
The Commercial Press

A NEW VIEW OF SOCIETY
AND OTHER WRITINGS
BY ROBERT OWEN
EVERYMAN'S LIBRARY

J. M. Dent & Sons Ltd. , London

First published in this edition 1927

Last reprinted 1949

中译本根据 J. M. 登特父子有限公司 1949 年伦敦版中相应部分内容译出

罗伯特·欧文

新拉纳克外景

目　　录

新 社 会 观

论人类性格的形成

〔第一篇论文于 1812 年写成，1813 年初发表。第二篇论文于 1813 年底写成并发表。第三、四两篇论文也于前后不久写成，并在我国与欧洲大陆的政界、文学界、宗教界的主要人物之间以及在欧洲、美洲与英属印度的政府之间流传。全部论文的第一次印行发售是在 1816 年 7 月（第二版）。第三版发行于 1817 年，第四版发行于 1818 年，均为 $6\frac{1}{2} \times 10$ 英寸本。此后在英格兰和美国还发行了许多大小不同的版本。第一、二两篇论文初版发行后，各版均载作者的姓名。〕

新社会观,或论人类性格的形成

献 给

议员威廉·威尔伯福斯先生

亲爱的先生:

历数当代政界人物,我觉得唯有您在实践中最接近于采用本论文所阐述的原理。

自从您当选议员以来,在提交议院的一切十分重要的问题上,您从来没有让教派或党派的错误考虑来影响您的决定;我们若能不偏不倚地衡量这些决定,就会认为它们是在您对人性所具有的高超的理解,以及对同胞所抱有的一视同仁的态度的支配下作出的。所以我认为,把这篇论文奉献给您,并不是时髦的客套,而毋宁是您的仁慈的作力和公正的行为所**要求**于我的一种**义务**。

然而请允许我说,履行这一**义务**是使我个人特别感到欣慰的。可是,根据我对**目前培育出来的**人性的体验,我并不指望,即使凭**您的**智慧,您能够毋需亲自检查,就立即相信由于坚持下文所述的原理而得到的**实际利益**的**全部**内容。至于不能期望哗然而起的舆论一开始就能够深信不疑,那就更不用说了。

这样**新奇的办法**的建议者,在一个时期内**必须心甘情愿地**被人看作是当代的**好心人**、空论家和幻想家之类的人物,因为仅仅浮光掠影地观察一切事物的人很可能就是这样随口叫嚷的;然而这种叫嚷刚好和事实相反。事实是,他二十年来耐心地在广大范围内证实了这一办法,甚至使爱挑剔的怀疑论者也深信不疑,然后才公之于世的。

而且他正是**心甘情愿地被看作是那一类的人物的**,因为他知道,最充分的调查和自由的讨论将证明采用他现在主张的原理所得来的效益比他所说的还要大。

因此,我相信您也会产生这种信念,而且一旦您相信之后就会鼎力相助,把这种信念的影响推广到**立法实践**中去。专此谨致深厚的敬意!

亲爱的先生,

您的恭顺而心怀感激的仆人,

罗伯特·欧文

新拉纳克工厂

〔第二篇论文原有的献词,在以后各版中
均为四篇论文的第二献词〕

献　　给

英　国　公　众

朋友们和同胞们:

我把这篇论文献给你们,因为它所论述的问题同你们主要的和最根本的利益是密切联系着的。

你们在下面可以看到谬误已经指出来了，纠正的办法也提出来了。但是这些谬误既是我们祖先的谬误，便要求后辈以类似尊敬的态度对待它们。因此，你们不要把这些谬误归咎于现在的任何人，也不要为了自己的缘故而希望或要求在时机成熟之前就消除它们。唯有稳健地采用并且百折不挠地实行经过深思熟虑和妥善安排的计划才能产生有益的变革。

然而，肯定了祸害的原因就是跨出了重要的一步。下一步便是想出尽可能方便的办法来消除祸害。找出这种办法并在实践中试验其功效是我毕生的事业。我已经找到了由经验证实为应用起来安全而且成效确凿的办法，我现在便十分希望你们大家都分享它的好处。

请相信吧，完全而充分地相信吧，《新社会观》所根据的原理是正确的原理；其中没有潜藏着似是而非的错误，我现在发表这些原理也没有丝毫不良的动机。因此，请彻底考察这些原理。请用洞察幽微的眼光来仔细研究它们，并把它们同洪荒时代以来以及目前全世界所存在的每一件事实比较一下。请你们这样做，以便毫无疑问或毫无疑虑地充分相信现在推荐或可能推荐给你们的办法。这是因为我所提出的原理经得起这样的考验，而通过考察和比较，你们会牢牢记住这些原理，并对它们产生深厚的感情，以致你们和你们的子孙万代都将终身不忘。

因此，请大胆地进行考察和比较吧，不要为表面的困难所吓倒，而要根据我推荐的精神与原理坚持不懈地这样做。这样你们就能迅速地克服困难，肯定地获得成功，最后并能为同胞们确立幸福。

我热烈地希望,通过你们对这一事业的即时的、一致的努力能产生一个新的行为体系,它将逐渐消除折磨着现代人类的那些不必要的祸害。　　　　　　　　　　　　　　　　你们的同胞,

　　　　　　　　　　　　　　　　　　　　　　　　作者

〔第三篇论文的前言〕

致工厂厂长以及一般雇用聚居一处的工人、
因而易于采用本文所述方法陶冶
工人的情感与品行的人

我和各位一样,是一个追求金钱利益的工厂主。但是多年来我立身处世的原理同教导过各位的原理在许多方面正好相反,并且我发现自己的行为纵使从金钱的观点来看也是于己于人都有好处的,因之我一心想要说明这些宝贵的原理,以便各位以及受各位影响的人能同样地分享这些原理的好处。

在已经发表的两篇论文中,我已阐述了一些原理;在这篇论文里,我将说明另外一些原理,以及在我所经管的新拉纳克工厂与企业的当地特殊条件下运用这些原理的一部分细节。

各位可以从这些细节中看到,我自从开始担任经理以来,就把当地居民、厂内机器以及企业的其他部分看成是一个由许多部分组成的体系;我要把这些部分加以组合,使每一个人,每一根弹簧、每一根杠杆和每一个轮子都能有效地配合起来,为企业主产生最大的金钱利益。这是我的责任,也是我的利益所在。

各位之中有许多人通过自己的制造工作已经长期地体会到设计良好、用之得法的坚实的机器有什么好处。

各位从经验中也已看到：整齐清洁、安排得当和始终保持完好状态的机器所产生的效果，同任其肮脏紊乱、因无法防止不必要的摩擦而失修破损并在这种状况下运转的机器比起来，有什么样的差别。

在前一种情形下全部经营管理工作都是良好的，每一种操作都进行得很顺利、有秩序、有成绩。在后一种情形下则必然会产生相反的局面，在投入整个操作过程或与整个操作过程有关的人手和工具中会出现一片冲突、混乱和不满的景象，这就必然会造成巨大的损失。

如果适当地照管死机器能产生这样有利的效果，那么，对于各位的在结构上还要神异得多的活机器，如果予以同等的照管，那还有什么是不能希望得到的呢？

当各位正确地认识了这些活机器、他们奇妙的机构以及他们自动调整的能力之后，当各位把适当的主要动力运用到他们变化多端的运动上之后，各位就会意识到他们的真正价值，从而愿意多想活机器而少想死机器。各位会发现他们很容易加以训练和支配，用来大大增加金钱利益，同时各位还能从他们那里得到高度的、真正的满足。

那么各位是否还愿意继续花费大量金钱来购置设计最为精良的木制、铜制或铁制机器，保持其完好状况，预备上等材料来防止不必要的摩擦并使之免于过早地损坏呢？各位是否还愿意花费多年工夫，专心致志地了解这些死机器上各部分之间的关系，提高它们的有效功率,并以数学的精确性来计算它们全部细微的和联合的运动呢?在这些事情上,各位所花费的时间是一分钟一分钟地计算的,为增加赢利机会所花费的金钱是一分钱一分钱地计算的;难道各位就不愿意匀出一些注意力来考虑把一部分时间和资本用来改良你们的活机器是否更加有利的问题吗?我根据可靠的亲身经验不揣冒昧地向大家保证:如果根据对这一问题的正确认识来支配在这方面所花费的时间和金钱,那么投资所获得的报酬就不止是百分之五、百分之十或百分之十五,而往往是百分之五十,在许多情况下还是百分之一百呢。

我个人在改良活机器方面已经花费了许多时间和资本。人们不久就可以看到:在新拉纳克工厂中,即使改进工作仍在进行,并且只收到一半效益,用于这方面的时间和金钱目前所产生的报酬就超过了原来所投资本的百分之五十,不久之后所产生的利润就会等于原来所投资本的百分之一百。

体会了适当注意和照管机械工具的效益之后,一个肯动脑筋的人实在很容易马上得出结论说:如果同样地注意和照管活工具,至少可以得到相等的利益。一旦认识到死机器如果弄得牢靠结实就可以大大得到改善,认识到真正的理财之道在于保持机器的整洁、经常添加最好的材料以防止不必要的摩擦并作出适当的安排来保持其完好状态,他自然会得出结论说:更加娇嫩和复杂的活机器如果培养得身强力壮、积极有为,也就可以得到同等的改善;如果保持其整洁,以仁慈的态度相待,使其精神活动不至于经受过多的刺激性的摩擦,想尽一切方法使之更加完善,经常供应充分的合乎卫生的食品和其他生活必需品使其躯体保持良好的工作性能,不至失修或过早地损坏,这一切的做法也会证明是真正的理财之道。

这些预见已由经验证明是正确的。

自从不列颠工厂普遍采用死机器以来,除少数情形以外,人就被当成了次要和低等的机器。人们对于怎样改善木质和金属原料比对于怎样改善人类身心两方面的原料要关心得多。我们只要好好地想一想这个问题就会看出:人,甚至作为生产财富的工具,也还可以大大地加以改良。

但是朋友们,还有一个更吸引人、更使人满意的理由。这就是,如果采用本论文就要向每一个人解释清楚的方法,各位就不仅能够局部地改良这些活工具,而且能够学会怎样使他们品质优良,远非古往今来一切其他活工具所能比拟。

由此看来,这才是真正值得各位注意的东西。各位不要用尽心力去发明较好的死机器,而要至少费一部分心思来找出一个方法,把更加优良的人类身心两方面的原料组合起来;设计周密的实验会证明这种原料是能够不断地加以改良的。

这样洞若观火地看清了之后,这样确切不移地相信了之后,我们就别让这种由于我们目前的做法而使这一大部分同胞遭受的真正不必要的祸害继续存在下去吧。如果各位的金钱利益由于采用本论文所提出的管理方针而有一些损失的话,那么各位之中有许多人都是非常富有的,在自己的企业里花费一点钱,设立和维持改善活机器所必需的设施,这也算不了一回事。但是只要各位亲眼见到,好好地留心培养这些完全由各位掌握的人的性格并增进其享受的做法,非但不会造成任何金钱损失,反而会真正增进各位的利益、繁荣和幸福，那么，除掉由于各位不明白自身利益所在而产生的理由之外，将来就没有任何理由能阻止各位把注意力首先放在自己所雇用的活机器上。各位这样做，将防止人类苦难的加深，而这种苦难目前已是难以充分想像的了。

我诚恳地希望各位能相信这一极其可贵的真理。只要好好地想一想就可以看出：这一真理是根据正确无误的事实建立起来的。

作者

〔第四篇论文原有的献词，在以后各版中
均为四篇论文的第一献词〕

献　给

不列颠帝国摄政王殿下

殿下：

谨将下面一篇论文献给殿下。这样做并不是要在我国历代显贵所受的奉承中再加一份奉承，而是由于这篇论文理当请求您的保护，因为它的作者是您治下的帝国的臣民、是为了获得帝国最大的实际利益而摈弃了一切卑下的考虑的人。

殿下以及世界各国的执政者一定已经感到，现在世界上的人不论贵贱都遭受着很多的不幸。

下面是第四篇论文。写这几篇论文的目的是：说明人们可以追溯出上述不幸的真正根源是以往的治人者和治于人者的愚昧无知；使大家知道和看清这种愚昧无知；并且概述一个实际施政计划的大纲，这个计划完全是以一种预防性的制度为基础的，计划所根据的原理同我们祖先的错误完全是针锋相对的。如果论文所概述的大纲能够形成一套立法制度，并为人们所信守不渝，我们就可以预计，我国臣民和全体人类都将获得极其重大的利益。

殿下和其他国家的执政者都曾受施政有责之教，但在错误重重的现行制度之下，纵然才华卓绝，用心良苦，也不能履行这些职责。

于是人们就感到不满（政府本来是或者应该是为了他们的利益才建立起来的）；执政者就感到为难，而且处于不利的境地。

于是我们就可以确切无疑地断言，根据这几篇论文所阐明的原理可以推演出一套办法，逐渐消除未来的治人者的困难和治于人者的不满，而又无须进行许多显著的改革，在公众中也不会造成任何混乱。

我现在向殿下说的话是耐心而广泛地体验了人性以后所得出的结论。这里所谓的人性确实不是古代传说中所说明的人性，而是从现在在世的人中、从我们生活中所遇到的人的言行中可以看到的人性。

以往有无数真心实意的人受了欺骗，这是事实；而且可以说十分可能，现在又有一个人可以加入这些受骗者的行列；但是，同样的说法曾经用于许多而且本来可以用于一切推动有益的改良工作的人，这也同样是事实。

人们也许会说，这几篇论文所主张的原理可能像以往成千成万贻误人类的原理一样，是从错误中产生的，是从一个热心而善良的人的狂妄乖谬的幻想中产生的。可是这些原理已经提交给当代一些十分睿智精明的人看过。这些人虽是经过大力敦促才从事这项工作,但仍坦率地声称在推论中找不出什么错误;不仅如此,它们还是极少有人(如果有的话)敢于否定的或是不愿明言自己已经同意的一些原理。

如果这些原理能证明和目前一切能够加以考察与比较的事实相符合,那么在不久的将来它们就可以证明本身具有重大的、永久的价值,为人们以往所发现的一切事物所不及。

可是,这样新颖的原理和办法尽管能证明具有很大的好处,在采用它们时如不充分加以理解,也可能造成一时的骚乱。

为了防止可能发生这种流弊,我请全国各教派和党派的领袖来详细考察这些原理,请他们尽力证明其中的错误或实现这些原理后可能产生的不幸的后果。

现在我恳求殿下的就是鼓励人们对这些原理进行这种公正的讨论和考察。

如果这种讨论和考察证明这些原理是错误的,那么,它们就会而且为了公众的利益也应该遭到普遍的谴责。相反,如果它们经得起目前认真提请人们进行的检验,并被发现是和宇宙间一切已知事实都无例外地完全符合的,因而证明是正确的,那么人类自然就会盼望能在殿下政府的赞助下建立一套可以取得并永久保持上述重大的公众利益的实际施政制度。

我诚恳地希望,这些原理如果正确的话,就能产生其本身直接提示的措施;并希望殿下与我国臣民以及其他各国的统治者与人民都能在这一时代实际得到它们的好处。

殿下忠实的仆人,

作者谨呈

论　文　一

"运用适当的方法可以为任何社会以至整个世界造成任何一种普遍的性格，从最好的到最坏的、从最愚昧的到最有教养的性格；这种方法在很大程度上是由对世事有影响的人支配和控制着的。"

根据人口法所作的最近一次统计说明，大不列颠和爱尔兰的贫民与劳动阶级的人数已经超过了一千五百万，或者说已经接近不列颠诸岛人口的四分之三了。

这一部分人的性格现在是极其普遍地任其形成而没有加以适当的指引或教导的；许多人的环境还直接驱使他们走上极其邪恶和极其悲惨的道路，使他们成为帝国的最恶劣和最危险的臣民。至于社会上其余的人则绝大部分都是根据极端错误的有关人性的原理教育出来的，这种原理肯定会在整个社会上造成一种完全有辱理性动物这一称号的一般行为。

处于这种不幸境地的首先是贫民和劳动阶级中没有受过教育的浪子，这些人现在所受的培养使他们作奸犯科，然后他们又因犯罪而受到惩治。

其次便是其余的人民群众。他们现在受到教导，要他们相信或者至少承认某些原理是完全正确的，而行动时却要把这些原理当成是完全错误的。这样便使整个世界都充满了愚蠢和矛盾，并使社会的各个部分都呈现一片虚伪和冲突的景象。

全世界直到现在都是处在这种情况之中。它的祸害过去是、现在还是有增无已,亟须采取有效措施加以消灭;再要拖延的话,就必然会发生普遍的混乱。

"可是,"没有深入研究这一问题的人说,"已经屡次试图消除祸害,而一切尝试全都失败了。祸害已经大得无法控制,其来势之猛已经无法遏止了。我们只能惴惴不安地或是听天由命地眼看它混淆一切是非,到一定的时候给我们带来毁灭。"

这就是现在的说法,这就是人们对于这一极其重要的问题的一般看法。

但是如果让这种看法继续存在下去,它就必然会导致极为可悲的后果。立法者如果不走这样一条道路,而是抛却教派、党派之间的琐碎而可耻的争论,彻底研究这一问题,并努力制止和克服这些巨大的祸害,那么他们的声望就可以无限地提高。

这几篇论文的主要目的是协助和推进对我国和一般社会的福利有着如此重大关系的调查研究工作。

下面有关这一问题的看法是作者积二十多年广泛的经验才得出来的。在这段时期中,多次的实验已经证明作者的看法的正确性与重要性。为了使人不至于说作者鲁莽轻率或冒昧无礼,他已经让当代某些最有学问的、最明智的和最能胜任的人对他的原理及其后果进行了考察、追究和充分的检查。这些人无论从哪一种义务或利害关系来说,如果在原理或后果方面发现了错误,都是会把错误说出来的;可是相反地,他们都公正地承认了它们无可辩驳的正确性和实际上的重要性。

因此,作者既然确信其原理是正确的,便满怀信心地继续请求人们对于这个问题进行最充分、最自由的讨论，请求人们为了人道——为了同胞——而这样做，因为同胞之中有成百万人遭受着苦难。这些苦难如果被人揭露的话，将使世上当政者不由得要惊呼道："难道真有这种事情而我们竟还不知道吗？"但是这些事情是确实存在的——甚至连讨论黑奴问题时公之于世的不忍卒读的材料所说明的情景，也没有世界各地由于社会自暴自弃、由于人们忽视朝夕不离的环境以及由于世上当政者对人性缺乏正确认识而天天产生的情景那样令人痛心。

如果这些情形没有达到简直令人难以置信的地步，现在就没有必要为一条有关人的原理进行争辩。这条原理几乎只要清楚地说出来，就能使大家明白它的含义。

这一原理是："**运用适当的方法可以为任何社会以至整个世界造成任何一种普遍的性格，从最好的到最坏的、从最愚昧的到最有教养的性格；这种方法在很大程度上是由对世事有影响的人支配和控制着的。**"

上述原理是一个广泛的原理，如果证明是正确的话，它必然会使立法工作获得一种新的性质——一种最有益于社会福利的性质。

从历代的经验和目前的每一件事实中可以看清楚这一原理是极端正确的。

那么，难道世界各国的人，上自王公、下至农民，还要经历极端错综复杂和广泛流传的苦难吗？难道知道了苦难的原因和防止办法以后，还要把办法保留起来吗？这种事业是困难重重的，唯有社会上有势力的人才能克服这些困难。他们可能由于预见到这种事

业的重大实际利益而出来和困难斗争;而且当他们清楚地看出并
深深地感到这种事业的好处以后,就不会让个人的想法妨碍这些
好处的实现。不错,他们生活上的舒适和享受可能由于社会上的
成见而暂时遭受牺牲,但是,他们如果坚持下去的话,他们的认识
所根据的原理最后必然会普遍流行。

在为采用这些原理作准备时,目前倒不必详举事实来证明:儿
童可加以培养,使之获得**"任何一种不违背人性的语言、情感、信仰
或身体方面的习惯和举止"**。这是因为世界各国的历史记载充分
地证明了以往曾经这样做过,而我们周围以及世界各国的现有事
实又确切无疑地证明现在仍然有人这样做,将来还可能这样做。

我们既然对这样重要的一种力量有了认识,而这种力量被人
理解了以后又能像自然规律那样万无一失地受人支配,用来逐步
消除现在主要折磨着人类的祸害,那么我们还能让它处于休止无
用的状态,眼看社会上的祸患延绵不绝、有加无已吗?

不能。现在已经到了我国舆论和世界各国的一般状况都迫切
要求不仅在理论上介绍而且在实践中采用这一普遍原理的时
候了。

现在也没有任何人为的力量能阻挡它迅速发展。沉默不会阻
碍它的进展,反对则将加速它的活动。事实上这种事业一旦开始,
就能保证完成。往后,人们由于不知道身心两方面的特性的真正
成因而怀有的一切恼人的愤怒情绪将逐渐消失,代之而起的是最
坦率和最融洽的信任和善意。

往后少数人也不可能在无意之中使其余的人由于环境而必不
可免地养成一些性格,使得少数人又认为自己既有义务、也有权利

加以惩治，甚至处以死刑，而持有这种看法的人正是亲自促成这些性格的人。这样做，不但给少数当政者造成无数祸患，而且使他们自己和社会上的广大群众根本享受不到高度的实在的幸福。往后他们不会让人们养成作奸犯科的性格，然后又对犯罪行为加以惩罚，而会采取唯一的能够用来防止罪行的办法；用这种办法极容易防止罪行。

对于可怜的、遭到诋毁和屈辱的人性来说，幸运的是，我们现在所主张的原理可以把历代的愚昧一直裹在它身上的一切荒谬可笑的神秘东西迅速地剥除干净。同时，已经增加到几乎无限多的各种错综复杂而互相抵制的善良行为的动机将归结为一条唯一的行为原则；这一原则由于其明显的作用和充足的力量，将使这种错综复杂的体系成为不必要的东西，最后将在世界各地取而代之。这一原则就是**世人明确地理解了的并在实践中一贯体验了的个人幸福，只有通过必然促进社会幸福的行为才能得到**。

这是因为支配宇宙并充沛在宇宙间的那种力量所塑造的人类显然是定要从愚昧逐步走向智慧的，而智慧的限度则不是人类本身所能规定的；同时，在走向智慧的进程中，人类还要发现，个人幸福只能按照个人为增进并扩大周围一切人的幸福所做的积极努力的程度而增进并扩大。这一原则是无从排斥也无可限制的；公众的心情看来也很明显，他们想要马上掌握这一原则，把它当作自己从来没有能够得到的最宝贵的东西。一切违背这个原则的动机都会暴露其错误的本来面目，造成这些动机的愚昧无知也将十分显眼，以致最无教养的人也会很快地加以摈弃。

当代的一些非常事件已经从根本上为这种状态以及我所想到

的一切渐进的变革铺平了道路。

甚至法国新近下台的统治者,虽然直接受到极端错误的个人野心的支配,对这种可喜的后果也作出了贡献。这是由于他从根本上动摇了长期在欧洲大陆上堆积起来的大量的迷信和顽固思想,它们使人类的智慧受到十分沉重的压抑,以致不消除它们而要从事改良是完全徒劳无益的。其次,他还在实践中把历来用以教育人类的那些错误的自私原则运用到极端,因而使人们清楚地看到这些原则是错误的,而且毫不怀疑它们是从谬误中产生的。

这些曾经使千百万人牺牲性命、陷于贫困或失去朋友的事件将载入史籍,使后世对我们行将实现的原理有一个正确的估价;这样说来它们对子孙后代永远是有用的。

这是因为拿破仑的统治所造成的可怕后果使人们对于某些概念感到深恶痛绝。怀有这种概念的人能够相信上述行为是光荣的,甚至是能增进做出这种行为的人的幸福的。

牧师贝尔博士和约瑟夫·兰开斯特先生新近的发现和活动①也一直起着铺平道路的作用(其方式和拿破仑完全相反,其效果却一点也不差),因为他们使公众注意到即使是他们的体系所包含的那一点有限的教育,对于幼稚的、驯服的心灵也产生了有益的效果。

他们所做到的事情已经足以证明这几篇论文所提出的有关培养青年的一切是可以完成而无须担心其失败的。这样,由于他们那些改良所引起的后果不可能仅仅局限于不列颠诸岛,所以他们

---

① 见本书第83页注。——译者

将永远置身于人类最重要的造福者的行列。但是从此以后，再要主张任何排他性的新制度将是枉费心机的了：现在公众已经有了许多知识，早已不可能倒退，所以不会再让这一类的弊害继续存在下去。

这是因为现在大家都很清楚，这种制度使被排斥者看到别人正在享受他们自己享受不到的东西，因此这种制度必然破坏被排斥者的幸福；同时大家也很清楚，这种制度使得完全有理由感到自己受了伤害的被排斥者产生对抗情绪，排斥愈厉害，对抗愈强烈，因此，这种制度也会减少甚至享有特权者的幸福：前一种人便没有任何合理的动机要让这种制度继续存在下去。

但是如有任何个人、教派或党派根据迄今统治着世界的不合理的原理仍要按照其排他性的计划，力图推迟社会的改进，并阻止人们在**实践**中推广一视同仁的真正公正精神，那么还一定有人会提供事实来使他们的一切努力归于失败的。

因此，特权阶级的真正明智的做法是和那些丝毫不想触动特权阶级现有的、为世人所重的利益的人真心诚意地合作；后者一心希望的是增进自己阶级的幸福，同时也增进整个社会的普遍幸福。享有特权者只要稍微思考一下，就一定会采取这种方针；这样一来，毋需国内革命——毋需战争或流血——甚至毋需过早地扰乱任何现有事物，世界就可以准备接受唯一能建立幸福制度的、消灭急躁情绪的原理——长期以来社会为急躁情绪所苦，原因仅仅是社会至今还不知道有什么正确的方法可以形成最有用和最可贵的性格。

消除这种无知状况之后，我们马上就会从经验中学习怎样培养个人的性格和一般的性格,使个人和全体人类得到最大的幸福。

这几篇论文所讲的原理只要为人们所知道就可以自己树立起来,我们今后的行动纲领也就变得清楚而明确,并且这些原理也不容许我们今后离开正路。它们指示各国当政者应为其人民的教育和普遍陶冶性格的问题制订合理的计划。**必须拟定这些计划,使儿童从最小的时候就养成各种良好习惯(它们当然会防止他们养成说谎和骗人的习惯)。往后儿童必须受到合理的教育,他们的劳动必须用在有益于社会的方面,这种习惯和教育将使他们深深地怀有积极热忱的愿望,要促进每一个人的幸福,不因教派、党派、国家或风土气候而有丝毫例外。这些原理还将极少例外地保证每一个人身强力壮、生气勃勃,因为人的幸福只有在身体健康和精神安宁的基础上才能建立起来。**

为了使每一个人在青年、成年以至老年时期始终保持健康的身体和安宁的精神,这就同样有必要对一些压制不住的癖性加以指导,使之增进而不是抵消人的幸福;这些癖性是人性的一部分,它们制造出无数的、不断增加的、折磨着人类的祸害。

然而上面介绍的知识将使人们清楚地看出:包围着人类的苦难绝大部分是**能**很容易地加以清除的,而且人类也**能**像数学一样准确地得到必然会逐步增进其幸福的环境。

往后,当一般公众确信这些原理**能够**而且**将要**经得起它们必须通过的考验的时候,当不仅有学问的人而且无知识的人都清楚地理解了并坚定地相信了它们的时候,当它们以纯正无谬的真理的不可抗拒的力量确立于人们心中并与人类智慧共存亡的时候,我们才能对这些原理所指示的要接着实行的办法加以解释,并使之易于采用。

目前，谁也不要预先估计这些原理会有害处，一点儿也不要这样想。它们非但无害，而且孕育着社会上**每一个人**都最为向往的后果。

社会上各个阶级中一些心地最善良的人也许还会说："这一切**在理论上讲来都是十分可喜、十分美妙的**，但是只有**幻想家**才会盼望它们**实现**。"对于这种说法唯一**能够**提出或应当提出的答复是：**这些原理已经十分成功地实现了**。

（在苏格兰的新拉纳克地方，在巴伐利亚的慕尼黑地方，以及弗雷德里克斯-奥尔德的贫民区各有两三千人多年来已经亲自享受了实现这些原理后的好处了。）

因此，提出这几篇论文的目的，并不是把它们仅仅当作一些空论专供那些坐在书斋里**思索**、从不到世上来**行动**的有闲幻想家欣赏消遣，而是要大家行动起来，使整个社会认识到自己的真正利益所在，并把公众的思想引到能够引到的最重要的问题上去——这就是采取全国性行动，对于现在听其自然形成、从而使世界充满了罪恶的广大人民群众的性格加以合理陶冶的问题。

难道仅仅涉及局部利益和暂时利益的问题（其最终结果只能将金钱利益从一部分人身上转移到另一部分人身上）应该日复一日地引起政治家和大臣们的注意，使帝国各地农业界和商业界提出请愿书、派遣代表——而帝国诸岛成百万衣不蔽体、食不果腹、未受培养、未受教育、人数与时俱增的情况已极为严重的贫民的福利问题却不该唤起人们提出**一张**请愿书、派出**一名**代表或制定**一项**合理有效的立法措施吗？

不！因为我们所受的教育一直使我们毫不犹豫地花费成年累月的时光和无数的金钱来**侦查**和**惩罚**犯罪行为，来达到一些目标，其最终结果与上述问题相形之下是微不足道的；然而我们在**预防**犯罪和减少目前为害人类的无数祸患的正确道路上却没有迈进一步。

是不是世上当政者的这些错误的行为原理要永远影响着人类呢？如果不是的话，变革要在**什么时候**，以**什么方式**开始呢？

这些重大问题就是下一篇论文所要讨论的题目。

论　文　二

续论前篇原理及其局部地运用的情形

> "即使在无法**取得完全一致的意见**的情况下，我们也有理由希望**敌对情绪**可以**消失**。如果我们无法调和所有的人的意见，那就让我们努力把大家的心连在一起吧。"——引自范西塔特先生致牧师赫伯特·马尔什博士函

论文一仅仅阐述了一般原理。这一篇论文将试图说明实现这些原理后可以得到哪些好处，并解释怎样才能顺利地普遍实现这些原理。

实现这些原理后可以得到的最重大的好处之一是，它们将提供最令人信服的理由，促使每一个人都"以宽宏精神对待**所有的人**"。凡是不够这条标准的感情在这样一种人的心里是绝不能存在的，这种人经过明白的教导，理解到世界各地的儿童过去是、现

在是、将来也永远是具有与父母和师长相类似的习惯和情感的，只是由于过去和现在的或将来可能遇到的环境以及个人特有的体质的不同而有所变化。然而这些形成性格的因素没有一种是由幼儿支配或以任何方式控制的。幼儿对于可能赋予他们的情感或品行是绝不能（不论我们心中被灌输了什么相反的谬论）负责的。社会的基本错误就在这个问题上产生，人类以往和现在所遭受的苦难大部分也是从这里产生的。

儿童们毫无例外地都是可以由人任意塑造的、结构奇妙的复合体。如果事前事后都**根据有关这一问题的正确认识**仔细地加以照管，就可以使它们集体地养成任何一种人类性格。这些复合体虽然像所有其他的自然产物一样有无数的种类，但都具有一种可塑性；如果行之得宜、持之以恒，最后是可以把它们塑成充分体现人们的合理希望和要求的形象的。

其次，这些原理一定能使人们心里产生压抑不住的感情，驱使他们毫不勉强、毫无反感地适当地体谅人与人之间在情感上和生活方式上的差异，不仅对亲友同胞如此，而且对世界各地的人、甚至他们的敌人也是如此。人们这样深入地理解了人类性格的形成之后，私人的不愉快的情绪或公开的仇恨心理就没有任何可以想像的根据了。儿童能经过培养而有**这种**认识，同时却又养成仇恨某一个人的心理，试问这是可能的吗？从小就以合理的方式受到这些原理的熏陶的儿童会很容易发现并追溯出他的伙伴是从**什么地方**获得和**为什么**会有他们那些看法和习惯的。他在同样的年岁时也会具有足够的理智，能够深深地认识到：一个人在其品质形成时期是处于被动的地位，无法防止其品质的形成的，因此对于一个人的品质感到愤怒是不合理的。这就是这些原理在每一个受到上述教育的儿童的心中所留下的印象;这样一个儿童感到某些人具有破坏他们自己的享受、欢乐或幸福的习惯或情感时,这些原理不会使他对那些人感到恼怒或不快,而会表示同情和怜悯;这些原理还会使他产生一种愿望,想要消除那些不幸的原因,从而使自己的同情和怜悯也得到宽解。由于具有这种品格而必然会体验到的快乐,将同样鼓舞他做出最积极的努力来消除任何一部分人所遇到的包藏着苦难因素的客观环境,并代之以能增进其幸福的环境。那时他也会热烈地希望"**为所有的**人谋福利",甚至要为那些自认为是他的仇敌的人谋福利。

这样,人类就可以**很快地**、**直接地**、**肯定地**学到以往一切**道德**与**宗教**教育的真谛,并达到它们的最终目的。

但是这几篇论文的目的是解释**正确**的东西,而不是攻击**错误的东西**;因为解释正确的东西能永远获得改进,甚至暂时的流弊也不会产生,而攻击错误的东西则往往会造成极其危险的后果。前一种做法在人们具有充分和审慎的判断力时,可以使他们心悦诚服;后一种做法则立即使人恼怒,并使人们的判断不能起应有的作用而归于无效。但我们**究竟**为什么要使人恼怒呢? 这些原理难道没有确切无疑地说明,甚至现在流行于全世界的非理性的观念与实践也不能说是我们这一代人的过失或理应受到谴责的错误吗? 这些过错的直接原因是我们的祖先只有一知半解,他们虽然模糊而零散地知道一些性格之所以形成的原理,却不能看出这些原理之间的关系,因而不知道怎样运用这些原理。他们把别人教给自己的以及自己所学到的一切再教给他们的子女,这样,他们的做法就和自己的祖先一样；他们的祖先墨守前人的成规惯例，直到有人发现更好、更优良的习惯并使他们清楚地理解这些习惯时为止。

现代人也是因袭相沿地教育他们的子女，所以同样不能为了他们的制度所包含的任何缺点而责怪他们。不管这几篇论文证明这种教育和这些制度有什么样的错误或危害，我们对于那些甚至顽固地坚持那种教育中最坏的部分并支持最有害的一些制度的人，也不能感到恼怒或怀有丝毫恶意，否则我们便误解了这几篇论文所根据的原理，完全误解了它们的精神。因为那些人、那些教派或党派中的人都是由于从小所受的培育而认为那样做既是他们的责任，也符合他们的利益，而且那样做也只是继承了前辈的习惯而已。如果我们把纯正无谬的真理摆在他们面前，给他们时间去考察它并看出它和以往经过肯定的一切真理都是一致的，以后他们自然就会相信它、承认它了。在人们没有信服**以前**就要求人们赞成，这是十分懦弱的表现；而人们信服**以后**，就不会不赞成了。不把问题说清楚，不让人们理解，而力图强制人们得出结论，这种做法是最说不过去和最不合理的，而且一定是无补于或有害于人们的思考能力的。

因此，我们根据上述精神来探讨这一问题。

由于印刷术的发明而逐渐累积起来的事实已经十分明显地暴露了我们祖先的制度中的错误，以致这些错误只要有人指出来，社会上各个阶级就一定会看得十分清楚；同时这些错误也一定会使人们感到绝对有必要立即采取新的立法措施，来预防混乱。这种混乱，在最最无知的人也能觉察到目前统治他们的法律中有许多是荒谬的、极不公正的东西的时候，是一定会产生的。

　　这些法律对于被定为罪行的多种多样的行为规定了惩治办法，而做出这些行为的人从他们一贯的教育中所得到的知识，却迫使他们认为这些行为是他们力所能及的最好的行为。

　　我们让一代又一代的人从小就被培育成作奸犯科的人，然后又像狩猎森林里的野兽一样追捕他们，直到他们陷于法网，无计脱身为止。这种情况还要继续多久呢？其实，这些无人同情的、不幸的受害者的客观条件如果同威风凛凛的法官们的客观条件掉换一下，后者就会站在罪犯席上来，而前者则会坐到审判席上去。

　　假定我国目前的法官出生于圣贾尔斯贫民与游民区中或类似的环境中，并在那里受教育；他们既有天赋的精力和才能，一定早就是**当时**他们会干的那一行的魁首；而且正由于他们才力过人、熟谙此道，所以早就会被监禁、被充军或是被处以死刑了，这难道不是肯定无疑的吗？被现任法官依法判处死刑的人之中，某些人的出身、教养和环境如果和这些法官一样，那么某些被判处死刑的人就会对目前地位崇高的司法界显贵人物处以同样可怕的刑罚，对此难道我们还有任何怀疑吗？

　　我们如果睁开眼睛，仔细观察事实，就会发现这种情形在我们面前是屡见不鲜的。那么，它们的祸害是否太小，以致人们完全置之不理，把它们当成日常小事放过，认为不值得考虑呢？人们说，"现在还不是研究这类问题的适当时候，我们还有重要得多的事情要管，这类问题必须等到较为空闲的时候再去研究"，这种话难道我们还要听下去吗？

　　对于可能有这种思想和言论的人，我要说："各位请本着仁爱的精神或严肃的正义感，花费几小时到首都一些公共监狱里去看看吧。请你们以仁慈怜悯的关怀，耐心地探问狱中各类囚犯的身世以及他们亲友的生平吧。他们会讲出许多**必然**引人注意的经历，这些经历包含着种种痛苦、不幸和不公道的事。这一切，由于明显的原因，我现在略而不谈，但我相信，各位事先绝不会想到这类事情竟能在文明国家中存在，更不会想到人们竟会让这类事情几百年来一直在不列颠法律发源地的周围滋生增长。"这种行径和我国各岛居民的一般人情是背道而驰的，而造成这种行径的真正原因则是：迄今还没有人根据明确和健全的原理，针对祸害提出切实可行的补救办法。但是这部《新社会观》所阐述的原理**将指出一种补救办法，它的内容极为简单，它所包含的实际困难并不比生活中许多寻常事务来得多；具有十分平凡的办事能力的人也能轻易地克服这些困难。**

　　从下面所谈的十分有限的实验中可以看出，这种补救办法是很容易实行的。

　　1784年格拉斯哥已故的戴尔①先生在苏格兰新拉纳克郡克莱德瀑布附近办了一家棉纺厂。王国北部大概就是在那个时期开始建立棉纺厂的。

　　戴尔先生之所以在那里建厂，只是由于能够从瀑布中取得水力的缘故，因为从其他方面来看，厂址选择得并不好。它的周围地区还没有开发；居民贫穷，人数很少；附近的道路很坏，所以当时的异乡人就根本不知道现在遐迩闻名的瀑布。

　　因此有必要招来一批新居民，为草创的企业提供劳工。这可

---

　　① 欧文的岳父戴维·戴尔。——译者

不是一桩容易办到的事,因为所有受过正规教养的苏格兰农民都是不屑在棉纺厂里从早到晚、日复一日地做工的。因此只有两种方法可以得到劳工:一种是从国内各公共慈善机关中招收儿童;另一种是吸引一些人家到工厂附近落户。

为了接纳儿童,当时盖了一幢大房子,最后住了大约五百个儿童。他们多半是从爱丁堡的济贫院①和慈善机关中领来的,他们的衣、食、教育都由厂方负责。戴尔先生以人所共知的始终不懈的慈善精神履行这些职责。

为了招来住户,当时建设了一个村庄,把房屋低价租给可以劝使其接受工厂工作的人家。但是在那个年代大家都不喜欢工厂工作,所以除了少数例外,只有无亲无故、没有工作、没有品德的人才肯来试一试。当时就连这种人也是不足数的,供不上不断发展的工厂的需要,所以连他们这种人到村里来住也算是令人感到荣幸的事情。后来他们学会了业务,对企业来说成为十分可贵的人物,以致厂方竟不能违反他们的意向来管理他们了。

戴尔先生的主要工作所在地离工厂很远,他在三四个月中只不过来工厂一次,待几个小时;所以不得不把企业交给职权大小不一的雇员经营管理。

对人类具有实际知识的人很容易预料到,像这样招集起来并具有这种成分的居民会养成什么样的性格。所以不用说,那个村落在那些条件下逐渐变成了一个藏污纳垢的社会。人人都各行其

---

①　英国教区以救济贫民、反对流浪为名,建立济贫院。19世纪的济贫院除收容贫民、孤儿外,往往兼收精神病人与罪犯,同罪犯教养院没有多大区别。参见本书第77页注。——译者

是，邪恶堕落之风流行到骇人听闻的程度。村里人过着游惰和贫穷的生活，几乎什么犯罪行为都干过，结果是拉下了亏空，搞坏了身体，陷于痛苦之中。然而更糟糕的是，全体居民都受着强烈的教派影响（虽然这是出于再好不过的动机，即忠实地坚守教义），这就使人们毫不含糊地欢迎一派而排斥其他一切教派的观点，信仰流行的那个教派的观点的人，成了这个村落里的肆无忌惮者。

儿童所住的那所宿舍的情形就完全不同了。仁慈的厂主不惜费用使这些贫苦儿童生活舒适。给他们安排的房间是宽敞的、经常保持清洁的，室内空气也十分流通；他们的饮食丰富、质量极好，衣服整洁而又合用；那里还长年聘请一位医生，指导疾病的预防和治疗；同时还派了当地最优良的教师，结合儿童的实际情况，教给他们可能有用的科目。派来照管儿童一切活动的人是一些心地仁厚、性情和蔼的人。总之，初看起来，那里似乎什么都不缺乏，可以成为一个最完善的慈善机构。

但是为了支付这些计划周详的措施所需要的费用并维持整个企业，儿童就绝对必须在工厂内不分冬夏地每天从早晨六点工作到下午七点，然后才开始学习。公共慈善机关的主管人从错误的经济观点考虑，不肯把自己照管的儿童交给纺纱厂，除非厂主接受六岁、七岁和八岁的儿童。这样一来，戴尔先生就不得不接受这样一些年龄的儿童，否则已经开办的工厂就只好关门。

这样幼小的儿童从早晨六点到晚上七点一直留在纱厂里站着做工，中间只有吃饭的时间，然后还要学习得很好，这不是他们能够做到的事。事实证明情况正是这样，因为很多儿童成了身材矮小、智力不高的人，有些儿童还成了畸形人。白天的工作和晚上的教育都使他们感到十分厌烦,以致不断有许多儿童逃跑;大家几乎全都迫不及待地盼望着七年、八年和九年的学徒时期快点结束,这一时期一般都是在他们十三岁至十五岁的时候结束的。在人生的这一阶段里,当他们既没有养成独立生活的习惯,又不懂得世事的时候就往往跑到爱丁堡或格拉斯哥去了。男孩子和女孩子们到那里马上就受到各大城市都有的无数诱惑的围攻,他们有很多人就成了这种诱惑的牺牲品。

这样一来,戴尔先生的措施以及他对这些儿童的安乐与幸福的仁慈关怀,从最后的效果来看几乎就等于零了。他们是由他雇来就业的,没有他们的劳动,他就不能维持他们的生活。但是当他照管这些孩子时,按他的处境来说,凡是能够为同胞做的事他全都做了。错误在于济贫院送来就业的儿童年龄太小。他们应当在济贫院多留四年并受到教育,那样,后来发生的某些弊病就可以防止了。

如果这就是我们工业体系中教区学徒在最优良和最人道的管理制度下的真实情况,并未过甚其辞,那么他们在最恶劣的管理制度下又将怎样呢?

那时戴尔先生渐渐地老了,他没有儿子继承他的事业。在他发现自己尽心竭力为同胞谋求改进和幸福的结果是刚才所说的那种情况之后,便想引退,不再经管那个企业,这就不足为奇了。于是,他把企业出售给几个英格兰商人和工厂主,其中有一个人在刚才所说的情况下承担了企业经理工作,并在当地居民中定居下来。这个人原先在曼彻斯特经管过雇用着许多工人的大企业。在每一个企业里,他都坚定地运用某些一般的原理,把受他管理的人的习惯改好，使他们在同行的伙伴中始终以品行良好而与众不同。这位异乡人在改造英格兰人的性格方面有过这种成绩，但是，现在交给他管理的人有哪些本乡本土的看法、行为和习俗，这是他完全不知道的；他就是在这种情况下开始执行自己的职务的。

那时，苏格兰的下层阶级正像其他地方一样，对于有权力管理他们的异乡人都是抱着很深的成见的，对英格兰人尤其如此。当时住在苏格兰的英格兰人很少，在上述地区则一个也没有。同时如所周知，甚至苏格兰的农民和劳动阶级也有十分深刻地观察事物并据以推理的习惯。在上述情形下，雇工们自然认为那些新买主只打算从企业里赚得最大的利润，他们自己有许多人当时就是靠侵犯企业的利益维持生活的。于是，厂内雇工对企业的新主管人抱有很深的成见：因为他是异乡人，而且是从英格兰来的异乡人；因为他继承了戴尔先生的企业，而企业属于戴尔先生时，他们几乎是爱怎么做就怎么做的；因为他的宗教信条和他们不一样；因为他们断定工厂将用新的规章制度来管理，并且打算从他们的劳动中榨取（这是他们常用的字眼）最大的利益。

因此从新主管人到达他们那里的头一天起，他们就想尽一切巧妙的办法来抵制他打算推行的计划。在两年之中，经理和当地人之间为了成见和恶劣行为经常进行着我攻你守的斗争，前者得不到多大的进展，也无法使后者相信他的确是好心好意地为他们谋求福利的。然而他并没有失去耐心，没有发过脾气，对于自己的行动所根据的原理定能获得成功这一点也没有失去信心。

这些原理终于取得了胜利：当地人不能继续拒不接受新主管人那种坚定而正当的、对大家一视同仁的好意。于是他们便渐渐地、小心翼翼地开始给他一部分信任,这种信任增加时,他就能够逐步开展他那些改善他们的处境的计划了。在这个时期里的确可以说,凡是社会上的恶习,在他们身上几乎无所不有,而社会上的美德却具备得极少。盗窃分赃是他们的行业,怠惰酗酒是他们的习惯,说谎欺骗是他们的作风,世俗的和宗教的纠纷是他们的家常便饭;唯有在热烈地、有组织地反对雇主时他们才是联合一致的。

　　这样就有了一个很好的园地来试验那些被认为是可以改变任何性格的原理在实践中究竟能起什么作用。这位经理就根据这种情况拟定了计划。他花费了一些时间来弄清楚自己不得不与之斗争的祸害的全部内容,并追溯出造成这些祸害并使之持续存在的真正原因。他发现到处是互不信任、杂乱无章与倾轧不和。他希望建立起信任、秩序与和谐。于是他开始推行各种办法来清除当地人一向所处的不良环境,并代之以适于产生较好效果的环境。不久他就发现,盗窃行为几乎遍及社会的每一角落,分赃活动则全村到处都有。纠正这种恶习时,他没有用过一次法律处分,也没有监禁过一个人,连一小时的禁闭也没有关过。他所采取的只是加以制止的办法和其他预防性的规章。他责成他们之中推理能力最强的人用简单明了的方式把改变行为后马上就会得到的好处向他们反复说明。同时他还教导他们怎样把自己的辛勤劳动用在合法而有用的工作上,这样他们就能不冒风险、不失体面地真正比原先用欺骗手段时挣到更多的钱。于是犯罪的困难增加了,发生犯罪行为之后进行侦查也比较容易了,诚实勤劳的习惯养成了,大家也都由于品行良好而感到愉快了。

　　酗酒问题也是用同样的方式来解决的。任何部门的负责人一有机会就反对酗酒，每逢喝醉的人清醒过来、由于刚才纵饮而感到痛苦时，他的较为谨慎的伙伴常在这种适当的时候把酗酒的害处说给他听；酒铺和酒馆渐渐地从他们住宅附近搬走了；他们认识到节饮能使身体健康舒适，于是，酗酒现象逐渐地消失，许多经常狂饮的酒鬼，现在也以坚持节饮著称了。

说谎和欺骗行为的命运也是一样。它们被认为是可耻的行为。厂方对于它们的实际害处作了简明的解释，对于诚实和坦率的行为则尽力加以鼓励。由于后一种行为而得到的快乐和实际利益不久就战胜了前一种行为的失算、错误及其不幸的后果。

不和与争吵也是用类似的方法消除的。争执双方如果不容易自行调解，就把争端提到经理那里去。在这种场合，争执双方往往多少都有过错，所以经理尽量简单地把这种错处解释清楚，劝他们言归于好，并且谆谆告诫他们一条简单易记的格言，作为他们全部行为的最宝贵的准则，它的好处他们将终身受用不尽。这条格言是："将来他们应当像以往使彼此痛苦时那样积极努力地尽量使彼此幸福安乐。记住这条简短的格言并在一切场合加以运用，他们很快就可以使自己根据极端错误的行动原则所造成的痛苦渊薮成为天堂。"试验做过了：各方面都满意地享受到这种新的行为方式的好处；人们提出来要求解决的争端很快地减少了，严重的分歧现在是很少听到的了。

此外，有一个教派显然比其他教派更受欢迎，这种情况也引起了相当大的嫉妒。纠正的办法是：停止对一个教派的偏爱，对于信奉各种不同教派的、行为正派的人都一视同仁地予以鼓励；对于每一个教派的正直的主张则同样予以重视，理由是大家都必然信仰自己被教导过的那种教义,因此在这一点上大家都是平等的,而且目前也无法分辨谁是谁非。同时还谆谆告诫大家,要注重宗教的真谛,不要像现在世界上的人那样由于所受的教育和培养而忽视宗教的实质和要义,从而把自己的才能、时间和金钱用于比宗教的影子还要坏得多的宗派主义。宗派主义是某些善意的热心家掺进**真纯的宗教**中去的十分有害于社会、十分荒谬的东西。没有这种缺点的真纯的宗教能很快地培养出每一个聪明善良的人都切望见到的性格。

这种说法和管理方法制止了宗派仇恨和愚昧的宗教褊狭态度。大家都享有充分的宗教信仰自由,因此大家都享有许多而不是一个教派的人的诚挚友谊。他们在同一个部门和同一种工作中热诚合作,彼此交好,就像整个村社里并不存在不同的教派一样,而且一点流弊也没有产生。

同样的原理也被用来纠正不正常的两性关系,这种行为受到反对,被认为是可耻的行为。当事人双方都处以罚金,作为赡养公积金(这笔公积金由各人捐出工资的六十分之一集成,由他们自己管理,用来赡养生病的、因事故受伤的和年老的人)。但是他们并不由于一度不幸违犯了社会上既定的法律与习惯而被迫成为邪恶的、被摒弃的和苦恼不幸的人;大门还是敞开的,留待他们回到善良体面的朋友的温暖怀抱中来。这样,出乎事先的任何意料,这种坏事居然大大地减少了。

工厂从公共慈善机关接收学徒的制度废除了,开始鼓励儿女众多的人到新拉纳克长期定居,并为他们兴建了舒适的住宅。

工厂不再雇用六岁、七岁和八岁的儿童,并劝告做父母的让儿童在十岁以前受到教育，养成健康的身体。（不妨指出，儿童即使到了十岁也还嫌太小，不能让他们在工厂里经常从早晨六点一直工作到晚上七点。对于儿童本身和他们的父母以及对于整个社会来说，都是让他们到十二岁再开始工作要好得多；那时他们可能受完了教育，他们的身体也更能合乎要求地忍受疲劳，努力工作。当做父母的经过教育，能让孩子们在家多待这一段时间而没有什么困难时，他们当然会接受这里所推荐的办法。）

儿童从五岁到十岁这五年中，在乡村学校里学习读书、写字和算术，不用父母花钱。一切教育方面的现代改良设施都已采用或正在采用中（为了避免在学校里由于专门采用一种宗教信条而产生麻烦，给孩子们读的书所教诲的都是各教派共同遵奉的基督教箴言）。因此，他们在从事任何正规工作以前就能受到教育和良好的训练。另外一个重要的方面是他们所学的全部课程已经成为他们所喜爱的东西；他们盼望上学比盼望放学还要迫切得多，因此进步很快。可以有把握地说，如果儿童不能养成最理想的性格，那也不是由于他们的过失，而是由于管教他们的人和他们的父母对于人性缺乏正确的认识。

在发生这些变化的时候，厂方还注意安排当地居民的家务。

他们的住宅弄得更加舒适，街道也修整了；买来了最好的食品，按照一些教导他们如何量入为出的规章，以够本的低廉价格卖给他们。也以同样的方式为他们买来燃料和布匹，既不想占他们的便宜，也不用什么方法欺骗他们。

结果，他们对这位异乡人的仇视和对立情绪便逐渐消失了，他们充分地信任他，确信他没有恶意；他们相信他是真心实意地想在能够永远增进幸福的唯一的基础上来增进他们的幸福的。从此进行改良的困难全都消失了。他还教他们立身行事应有理性,他们的行为也就合乎理性了。于是双方都体验到已经实行的制度的无数好处。雇工变成勤勉、稳重和健康的人,他们忠于雇主而又互相友爱;企业主则依靠他们对自己的情意几乎不用监督就能使他们为自己工作,这比彼此之间缺乏信任和友爱的雇用方法所得到的东西要多得多了。这就是这些原理用于成年人身上所得到的效果。这些人的习惯本来是坏到了极点,这些原理也确是在极其不利的环境中实行的。(也许有人会设想这个村落和社会上其他部分是隔绝的,这种想法是不对的,因为村里人每日每时都和比自己人数还多的一部分居民来往。拉纳克敕许自治市①离工厂只有一英里,许多人每天都从那里来做工,新旧镇市之间经常保持着普遍的交往。)

　　以上我详细说明了这一实验,尽管局部地运用这些原理远不及明确地把这些原理叙述得清楚明白,让人透彻了解,以便在任何社会和任何环境下易于实现来得重要。不作这种叙述,个别的事实固然能使人感到有趣或感到惊讶,但是其中并不会包含原理所具有的那种真正重大的价值。不过如果说明事实经过有助于实现这一目的,那么上述实验就一定能成为确切有效的方法来革新全世界的道德与宗教原理,因为它说明了人类各种不同的见解、行为、恶行和美德是从哪里来的,也说明了怎样就能把其中最好的和最坏的东西像数学那样准确地教给年青的一代。

---

　　①　由英王颁发特许状成立的有议员选举权的市。——译者

所以今后我们不要再说，坏的或有害的行为是不能防止的，或者最合乎理性的习惯在下一代是无法普遍地养成的。就目前表现出罪恶的种种性格而论，过错显然不在于个人，问题在于培育个人的制度有缺点。消除那种容易使人性产生罪恶的环境，罪恶就不会产生；代之以适于养成守秩序、讲规矩、克己稳重、勤勉耐劳等习惯的环境，这些品德也就可以形成。采取公平和正义的措施，你就很容易取得低级阶层的充分和完全的信任。这一切如果根据始终不渝的仁爱原则有条不紊地进行，同时又保留并尽量宽大地运用那种防止罪恶直接危害社会的方法，那么甚至成年人现有的罪恶也可以逐步消除；因为除了不可救药的疯人以外，即使性情最坏的人也无法长期地拒不接受那种坚定明确而又正当的百折不回的好心好意。这种做法一旦付诸实践，就会证明是最有力和最有效的做法，可以匡救罪恶，矫正一切有害的和不正当的习惯。

上述实验说明，这并不是一种假设和空论。可以有把握地说，这些原理是放之四海而皆准的原理，不论在什么时代、对什么人以及在什么环境中都能适用。最明显地运用这些原理就是采取合理的方法，消除犯罪的诱惑，增加犯罪的困难，同时要适当地指导个人的活动能力，要使他们得到应有的无害的娱乐和消遣。必须留意消除那些引起嫉妒、不和与恼怒的原因；培养能使社会全体成员彼此团结和信任的情感。这一切都要本着百折不挠的仁爱精神去做。这种精神要能充分地显示出来，说明有人诚恳地希望增进而不是减少他们的幸福。

这些原理最初在新拉纳克村社运用时，客观条件是令人十分气馁的，但是坚持了十六年以后，它们却使村里一般人的性格完全改变了(村里居民共有两千多人,另外不断有新住户搬进来)。然而目前的时代并不是传布新奇迹的时代,所以这里并不妄称在这种环境下所有的人都变得聪明善良了,或者根本没有错误了。不过确实可以说,他们现在组成了一个颇有改进的社会。他们最坏的习惯已经革除,次要的恶习在继续运用同样的原理后不久也会消失。在上述时期中,几乎没有按法律惩办过一个人,他们也几乎没有人申请过教区救济金。在他们的街道上看不到一个醉汉,儿童都在不用任何惩罚手段的陶冶性格的机构里受到教育和培养。整个村社呈现出一片勤勉、节制、安适、健康和幸福的景象。这些都是而且将来也永远是采用上述原理后必然会产生的效果。这些原理如果审慎地予以运用,将有效地改造现在最邪恶的社会,培养年青的一代,使他们具有值得想望的任何一种性格,而且规模大的改造和培养比规模小的改造和培养实行起来要容易得多。但是要在实际方面成功地运用这些原理,就必须对准备在其中实行这些原理的社会的实际情况加以既全面又细致的观察。必须准确地找出社会上最流行的祸害的根源,并且立即采取显然是十分简易的方法来消除这些祸害。

在这一发展过程中,最最轻微的改动,只要是足以产生良好效果的,就该在某一个时候付诸实现;的确,如果有可能的话,这种变革应当缓渐得几乎没有人能够觉察得到,然而又始终朝着人所想望的改良方面稳步前进。通过这种做法实际上可以得到最快的进展,因为在缓渐的变革过程中可以消除反抗的意识,可以有时间让人们运用理智去削弱由来已久的有害的偏见。消除了第一种祸害,第二种祸害就容易消除了,而且容易的程度将不是按照算术级数的比例，而是按照几何级数的比例增加的，最后这种制度的领导人对于自己的事业给人们所造成的深远的利益将会感到难以言喻的满意。

只要根据这些原理行事，这种大好事业就不会发生任何倒退的情况，因为改良的范围愈大，改良的成效就愈能巩固。

那么究竟还有什么原因使得这样一种制度不能立即在全国范围内实行呢？无疑地只有一个原因，即大家对这种办法缺乏认识。因为，既然有了预防犯罪的可靠办法，我们能够设想不列颠立法者一旦明白了这种办法之后，还会加以抑制，不为全国人民运用吗？不会，我相信王公、大臣、议会以及任何教派或政党都不会公开承认自己有意要根据这种显然不公正的原则行事。当人们把能够采用而不致危及国家安全的实际改良办法对他们作了解释以后，他们难道没有多次诚恳而热心地表明自己愿意改善帝国臣民的生活状况吗？

在未来的一段时期内，只有一种切实可行的、因而也是合乎理性的改革可以在帝国境内试行而不致产生危险；这是所有的人和所有各方面都可以参加的改革，也就是在教育和管理不列颠全体人民群众中贫苦无知、未受教育或教育很差的这类人方面进行改革；为此可以拟制一个对任何人或社会上任何方面都没有丝毫危险性的简单明了和切实可行的改革计划。

这是一个经过深思熟虑的、不排斥任何方面的陶冶低级阶层的性格并普遍改善其生活状况的全国性计划。我根据毕生献身于这一问题的经验，毫不犹豫地说：任何社会的成员都可以逐步加以培养，使其生活中**没有游惰、没有贫困、没有罪恶也没有惩罚**，因为这一切都是世界上通行的各种制度中的错误所造成的后果，**它们都是愚昧必然会带来的后果。**

用合乎理性的方法来培育任何地方的居民，他们就会成为有理性的人。为受到这种培育的人提供正当而有益的工作，他们就会非常愿意做这种工作而不愿意做有害或不正当的工作。对各国政府来说，提供这种培育和工作会带来无法估价的好处，而且也是简单易行的。

正如前面所说的，合乎理性的教育是通过全国性的性格陶冶制度来实现的。有益的工作则由各国政府提供，它们在全国对劳工的需求不足以使全体劳动阶级充分就业时，为剩余的一部分人准备好就业机会：这种就业应该来自有用的全国性的事业，应该使公众从其中取得的利益相当于举办这些事业所需的费用。

全国性的性格陶冶计划应当**采纳**教育方面的一切现代改良措施，不必考虑任何个人的体系，不应当**排斥**帝国任何一个臣民的子女。不符合这种精神的做法，对被排斥的人来说便是褊狭不公的做法，对社会来说也是有害的做法；这一点异常明显，因此教会或政府方面如果还有任何权贵愿意尝试这种做法，那就说明我把本国同胞的品质看错了。我们若是继续强行宗教排斥，就肯定会使目前的教会迅速地遭到毁灭；甚至会危及我们的世俗制度，这一点岂不是普通人都看得非常清楚的吗？

但是有人也许会说，大臣和议会有许多其他的重要问题要讨论呢。这显然是事实，但他们难道不是永远有国家大事要照管吗？难道还能提出任何问题比这个影响到帝国每一个人的福利和性格形成的问题对社会有更深的利害关系吗？人们如果理解了这个问题，就会发现它能提供办法，增进我们这些王国的岁收，它比现在可能拟制的任何实际计划都要优越得多。然而，有关岁收的考虑尽管重要，同我国同胞的生活、自由与安乐比起来，就必然显得是次要的了，因为这一切目前都由于缺乏**有效的立法措施来预防犯罪**而时刻受到损害。像这样一种对全民福利至关紧要的事业，难道还能再耽误吗？**难道还要耽搁一年，让人们把罪恶强加在幼儿身上，等到十年、二十年或三十年以后，他们又由于被人教会了犯罪而遭受死刑吗**？这是绝对不行的。像这样拖延下去的话，本着严肃无私的正义感来说，受到法律制裁的应该是没有采用自己力所能及的办法来防止罪恶的**现在议会中的人们，也就是当代立法者们**，而不是那些贫穷的、未受教育的、无人保护的罪犯；这种人如果能用语言来形容自己以往的岁月的话，就会使人看到他们经历了灾连祸接的一生，而这些灾祸**完全**是由社会的错误造成的。

对于这些重大问题还能作出许多补充，使黄口小儿也能认识清楚。由于明显的理由，在这里只作了一些概略的叙述。我希望这些概略的叙述足以使各方面仁人志士在这个旨在保存为社会所珍惜的一切事物的重大措施上热诚地团结起来。

下一篇论文将说明新拉纳克目前所实行的提高居民的物质享受及其道德品质的计划；此外，还要叙述一个全面的、**实际的**制度，采用这种制度，就能使同样的利益逐渐扩大到整个联合王国的贫民和劳动阶级。

论　文　三

前两篇论文所述原理在具体场合运用的情形

"真理必将战胜谬误。"

第二篇论文在结尾部分提出要说明新拉纳克目前所实行的进一步改善居民情况的计划，并且要概略地叙述一个使同样的利益普及于整个联合王国的贫民和劳动阶级的实际的制度。

为了即使是有限地阐明作者的计划所依据的原理并把它们推荐给大家去实行，有必要作出这样的叙述。

第二篇论文叙述了迄今在新拉纳克所做的一切，其主要内容是**消除某些有助于产生、延续或增加人们早年的恶习的环境；也就是消除社会由于愚昧而允许其形成的东西。**

但要做到这一点却比从小培育儿童，使他们按照应走的道路去走要难得多。这是因为后者是最容易的形成性格的方法，而去掉和改变长期养成的习惯则是直接违反人性中最顽固的感情的做法。

然而始终不懈地适当地运用原理以后，却使这些老习惯发生了有益的变化，这些变化甚至超过了从事这种工作的人的最乐观的期望。

作者的计划所依据的原理都是研究了人性以后得出来的，是一定能成功的。

然而比较地说，为他们做的事依然很少。他们还没有学习怎样养成极有价值的家庭和社会习惯，例如最经济地烹调食物，使住宅整洁并保持其整洁等等，但是更加重要得不可比拟的是：他们还没有学习怎样把子女培育成宝贵的社会成员，也没有教他们知道天下有一种原理，如果在人们幼小时适当地付诸实践，就可以万无一失地使人人都具有公正、坦率、诚恳和仁慈的品行。

正是在这个发展提高的阶段中，必须作出安排，使他们得到一种环境，借以逐渐地获得并巩固地保持这些家庭与社会的习惯和知识。为了这一目的，在企业所在地的中央盖了可以称之为"新馆"①的一幢房子，前面还圈出了一片场地。这片场地是村民的子女从会走路起到上学校止这一时期内的游戏场。

惯于仔细观察儿童的人一定能清楚地看出，许多好事和坏事都是他们在很小的时候被教会或学会的，许多好的或坏的脾气和性情都是两岁以前养成的，许多深刻难忘的印象则是在一岁以前甚至在半岁以前获得的。因此，没有受过教育的或所受教育很差的人的子女，在这几年以及随后几年的童年和青年时代里，在性格的形成方面都受到很大的损害。

正是为了预防或尽量肃清贫民与劳动阶级在幼年时期所受到的根本性的毒害，这片场地才划为新馆的一部分。

这片游戏场接纳刚会独自走路的儿童，由派来照料他们的人加以管理。

人的幸福主要地（如果不是全部地）取决于自己的以及周围旁人的情感与习惯；同时人们可以使所有的幼儿养成任何一种情感

---

① 即性格陶冶馆，于1816年元旦正式开放。——译者

和习惯。因此，最重要的是，使他们养成只能增进其幸福的情感与习惯。所以每一个儿童进入游戏场的时候，都要用他们听得懂的话告诉他们说："绝不要伤害跟你一块儿玩的小朋友，相反地，要尽力使他们快乐。"**只要人们不把相反的原则强加于幼弱的心灵**，这条简单的格言（如果它的全部意义都为人所理解）加上早年实行这一格言所养成的习惯，就可以彻底清除迄今使世界陷于愚昧与苦难之中的一切错误。同时，这样一条简单的格言既容易教、又容易学，因为管理员的主要任务就是防止任何背离这条格言的行为。年纪较大的儿童认识到了根据这一原则行动所获得的无穷好处之后，就可以通过自己的榜样很快地驱使新来的小孩遵守这一原则；于是一群一群的儿童由于行为合理而得到的幸福将保证大家都能迅速地、自愿地接受这个原则。他们在这样幼小的时候不断地根据原则行动，养成了习惯，从而使这条原则牢牢地巩固下来；他们将感到它是自己所熟悉的、容易实行的原则，用常用的字眼来说，便是一条自然的原则。

因此，如果我们一心注意自己的有关人性的感性知识而不去注意世界各地一直在教育着人们的那些不着边际、自相矛盾和荒诞不经的有关人性的理论，我们就会顺利而有把握地完成培养人的合理性格这种所谓像海格立斯①神迹一样困难的工作，而且多半在儿童开始受正规教育以前就会完成。

这样自幼养成的性格，对个人和社会愈是有利，就愈能持久。

————————————

①　希腊神话中的大力士，宇宙神宙斯之子，据传曾在世间完成了十二件艰巨的工作。——译者

这是因为人们生来就能在充分理解真理之后立刻记住真理，而且终身不忘（除了精神有病或死亡以外）；至于思想上有错误的人，只要能使他们认清错误，就一定能使他们在人生的每一个阶段里丢掉错误。由此看来，"新馆"这一部分安排可以达到下列目的：

儿童可以在目前切实可行的范围内尽量远离迄今未受教育的父母的错误的抚育。

父母在儿童能够自己走路到进入学校这个时期内，可以毋需像现在这样为了照管孩子而花费时间，也毋需操劳和担心。

儿童将被安置在妥当的环境里，和未来的同学与伴侣一起，养成最优良的习惯和品性。在吃饭时和晚上可以回到父母的怀抱里来，双方的情爱由于这样分离可能有所增进。

这一片场地还要当作军事操场和五岁至十岁的儿童在上课前和放学后的集合地点，军事操的目的将在下面另作解释。此外还要搭一个棚子，在刮风下雨的时候，孩子们可以到那里去躲避。

这就是学校附设的游戏场的几项重要用途。

通过亲身观察对人性有所认识的人都知道，一个人在任何情况下不管从事何种经常和正规的工作，都需要休息。如果不让他享受或者没有为他安排纯正或无害的娱乐，他就必然会参加他所能参加的娱乐，让自己从劳累的工作中暂时解脱一下，纵使解脱的方法是极其有害的。这是因为不合理地教育出来的人受一时的感情的影响总是比受长远的考虑的影响大得多。

因此，希望人们养成符合全体幸福的性格的人，就一定会妥善地为他们安排娱乐和消遣。

最初规定安息日的原意就是这样。安息日本来定为普天同乐的一天。但是由于极端违反原意的错误，这一天往往成了昏暗和专横的迷信思想控制人心的一天，否则就成了危害性极大的纵情放荡的一天。这两种情形是有因果关系的，后者是前者的必然和自然的结果。把人们的心灵从无用的迷信束缚中解脱出来，并用已被古往今来的确凿事实证明为唯一正确的原理加以培育，那么纵情放荡的行为就不会存在，因为这种行为本身既不符合人们的眼前利益，也不符合其长远利益，而人们永远受眼前利益的考虑或是受长远利益的考虑的支配，这要看他们自小养成的习惯而定。

对于苏格兰许多地方的劳工来说，安息日不是从事纯正和愉快的娱乐活动的日子。同时，整个星期坐在室内工作的人也不能自由地、不受责难地出去换换空气、运动运动，虽然这是大自然欢迎他们去做的，也是他们的健康所需要的。

迷信和顽固的时代所产生的种种错误现在还有一些影响。它们迫使那些想使自己的社会地位得到尊重的人采取一种过于矜持的态度。矜持有时蜕化而成伪善，并且往往造成深刻的矛盾。这种矜持态度破坏一切坦率、正直、慷慨和大丈夫的感情。它使许多人感到厌恶，使他们走向另一个极端。它有时还是疯病的起因。它以愚昧为基础，并给自己招来了失败。

在流俗乖谬的地方，一个人如果在说服当地人、使他们认清流俗之乖谬以前就去做违反当地习俗的事情，那就说明这个人对于人性是一无所知的。

为了在某种程度上消除由于安息日利用不当而造成的流弊，有必要为那些终年劳动不断而且在冬季做着几乎毫无变化的工作的人在安息日以外的日子里安排一些纯正的娱乐与消遣。在夏天，新拉纳克居民有菜园和马铃薯地可以耕种，他们有散步的场所，可以使身体健康，并养成欣赏变化无穷的自然景色的习惯——自然景色提供了人们所能享受的最经济的、同时也是最纯正的乐趣，而且人人都容易养成欣赏自然景色的习惯。

在冬天，当地居民就没有这些有益健康的活动和娱乐了。他们从星期一到星期六每天工作十小时又三刻钟，而在星期日那一天，一般说来，人人都还是照样工作。经验证明，当地居民的健康和精神一般说来在冬天要比在夏天差一些，这种情形有一部分是大可以归之于上述原因的。

以上情况说明需要一些房间用来进行纯正的娱乐和合理的消遣。

许多好心肠的人经常看不到一向受着合理的待遇和教育的低级阶层的人的行为；他们也许会设想，像那样聚在一起的人必然会弄得乌七八糟。事实却不然。他们的活动始终是规规矩矩的，对他们的健康、精神和性情都是非常有益的。假如发生了混乱，那也只能是由于领导这些活动的人对人性缺乏实际的知识的缘故。

为人们安排管理得当的纯正的娱乐和消遣，借以引导他们养成美德或使其行为合乎理性，这种办法过去是、将来也永远是比强迫他们服从无益的限制容易得多的办法，因为这些限制只能使人产生反感，而且往往使人甚至对本质最好的事物也感到厌恶，其原因仅仅是人们在思想上把它和限制联系起来。

说实在的，不论在哪个时代、在哪个国家，人们都似乎是盲目地串通一气去跟人类的幸福作对，他们对自己始终毫无所知，就像哥白尼和伽利略时代以前的人对于太阳毫无所知一样。

　　我们的祖先中有许多贤哲渊博之士都看到这种愚昧状况，对其后果深为悲叹。其中有些人主张部分地采用那些唯一能使世界从愚昧的惨痛后果中解脱出来的原理。

　　但是那时人类思想解放的时代还没有来临，世界还没有做好准备来接受人类思想的解放。人类的历史说明一条永远正确的自然规律，即人不可过早地突破愚昧的外壳，他必须耐心地等待，一直到愚昧的内部充满了知识的精义，从而有生气、有力量来接受白昼的阳光为止。

　　适当地回顾了过去五十年来世界思想动态的性质与范围的人都一定会感到目前正在发生一些巨大的变化，一定会感到人类又将向着按其天赋似能达到的智力水平迈出重大的一步。大家不妨看看目前发生的事情，看看人的思想充分活动起来的情形，看看它的活力与时俱增并准备不久就突破愚昧的包围的情形。但是这种变化的性质是什么呢？我们如果给予周围的事实以及由于印刷术的发明而流传下来的事实以应有的注意，就可以得到圆满的答复。

　　从古以来人们立身处世都是根据这样一种设想出发的，这就是：每一个人的性格是由他自己形成的，所以每个人要对自己的一切行为和情感负责，于是，他就应当由于某一些行为和情感受到奖励，由于另一些行为和情感而受到惩罚。以往人们的每一种制度都是根据这些错误的原理建立起来的。其实我们只要公平地考察这些原理，就会发现它们不仅是毫无根据的，而且是同所有的经验以及我们的感性知识完全相反的。

　　这并不是一个细小的、其后果无足轻重的错误；这是一个天大的根本性的错误。从一个人的孩提时期开始，我们所做的涉及他的一切行为便都含有这种错误。我们可以看到，这是真正的、唯一的、产生祸害的根源。它制造愚昧、仇恨和报复情绪，并使之长期存在下去，而没有这种错误时，世上就只有智慧、信任和仁爱了，这种错误一直是人间的恶魔。它离间世界各地人与人的关系，使他们彼此为敌，而没有这种绝顶的错误时，他们本来是可以互相帮助、互相友爱的。总之，它的一切后果都包含着灾难。

这种错误不会存在很久了，因为人们会日益清楚地看到：**人的性格毫无例外地总是由外力为他形成的；这种性格可能是而且实际上也主要是由前辈造成的；前辈赋予他或者可能赋予他以观念和习惯，这两者都是支配和指导他的行为的力量。因此，每一个人的性格从来不是而且永远不可能是由他自己形成的。**

对于这一重要事实的认识并不是狂放不羁的人心血来潮、不着边际地空想出来的。恰恰相反，这一认识是经过长期而耐心地从理论上和实际上研究了许多不同环境下的人类性格之后才得到的。我们可以看到，这一认识是从难以胜数的因而能够十分完整地说明问题的事实中得出来的结论。

要不是人们在这个问题上从小就受到错误的教导，必须把所学的一切统统忘掉，从头学起，这一真理只要简单地加以叙述就可以使每一个有理性的人立刻理解清楚。人们就会知道，前辈可以使他们养成残暴的吃人习惯，也可以使他们具有最高深的智慧和最仁慈的胸怀。有了这种认识之后，他们马上就会懂得：父母师长和立法者合为一体，可以把后辈培养成这两个极端中任何一个极端的人物；他们可以万无一失地使之成为贾干纳①的虔诚信徒，或是无比纯洁的、具有人所能想像的一切美德的神灵的虔诚信徒；他们可以把后辈培养成优柔寡断、欺诈不忠、愚昧自私、放纵无度、存心报复和嗜杀成性的人——自然就是愚昧的、无理性的、不幸的人；或者他们可以把后辈培养成刚毅果敢、正直无私、慷慨大方、稳重克己、积极有为和仁慈厚道的人——也就是聪明的、理智的、幸福的人。对于这些原理的认识是从永存不灭的事实中得出来的，是人们用尽心机也驳不倒的。不仅如此，这些原理经过极其严格的审查之后证明是完全无懈可击的。

我们的思想和行动同周围每时每刻都见到的事实背道而驰，并且同我们耳闻目睹的证据直接相冲突，这样想、这样做难道是聪明的吗？读者不妨去问问最有学问、最有智慧的人，请他们说句老实话，他们就会告诉你说：他们早就知道社会据以建立起来的原理是错误的。然而直到现在支配着世界各国舆论趋势的始终是愚昧无知者的头脑中那一套十分荒诞的偏见、妄信和顽固思想；直到现在最最开明的人还不敢揭露那些在他们来看已是彰明较著和令人憎恶的错误。

幸运的是，愚昧的统治正在迅速地趋于崩溃，愚昧统治的种种恐怖已经展翅腾空，不久就会被迫飞逝、永不复返了。这是因为现在不仅博学善思的人已经知道了，而且整个社会也普遍地知道了现存的错误。不久之后，甚至最愚昧的人也会充分认识到这些

————————

① 印度神名，是毗湿奴神的一个化身，相传每年例节用车载神像，游行市中，信徒献身车下，可以升天云。——译者

错误。

由于愚昧无知而错误地理解自己真正利益的人，诚然可能设法阻挠这种认识的进展。但是它将证明是和我们的感性知识相符合的，因而是千真万确、无法否定的。既然如此，它就是无法阻挠的，在它的发展过程中自然会摧毁一切反抗的力量的。

其实只要适当地加以运用，这些原理在实际方面的有利程度并不亚于它们在理论方面的正确程度。那么我们为什么还不让人民群众享受其丰厚的利益呢？我们采用有理性的人所能采用的唯一实际的办法来减少人类痛苦、增进人类幸福，这样做难道有可能算是犯罪吗？

这些与社会利益关系至深的问题正以公开实验的方式经受着公正的考验。需要证明的是：应该由极其矛盾的、其错误若干世纪以来已为每一个好深思、有理性的人看清楚了的种种观念继续指导人性之形成呢，还是由始终一致的、从宇宙间亘古不变的事实中得出来的、其正确性现在没有一个头脑清醒的人敢于否认的一些原理来指导人性之形成呢？

这样说来，唯有充分而完整地揭橥这些原理，才能铲除愚昧与苦难，并使理性、智慧和幸福的统治巩固地建立起来。

必须像上面那样说明作者所主张的原理，才能使人们清楚地了解尚待叙述的"新馆"的其余部分。现在让我们解释一下学校、讲堂和教堂打算起一些什么作用。

还没有丧尽推理能力的人一定能看清楚，现在用以教育并训练人的理论与实践完全是互相对立的。这就说明为什么永远存在着矛盾、愚蠢和荒谬的事情；这一切人们很容易在旁人身上发现，但感觉不到自己身上也存在着类似的东西。在学校、讲堂和教堂里进行教育就是要克服和消除这种弊害；同时也要证明，采取彼此一致的理论与实践之后，社会就可以得到难以估价的利益。"新馆"最高的一层楼作为学校、讲堂和教堂的所在地。这些都打算用来直接影响村民性格的形成。

　　仅仅给老老少少的人"命上加命，律上加律"①比较地说是没有什么用处的，**除非同时提出办法，使人们养成良好的实际的习惯**。因此教育那些没有受过教育或所受教育很差的人，对于社会的福利来说便是头等重要的事情了。正是这一点影响了"新馆"的全部安排。

　　儿童在游戏场和学校里受锻炼的这段时期给人们以一切良好的机会去创造、培养并树立有助于增进个人福利和社会福利的情感与习惯。按照这种行动计划，两岁儿童进入游戏场时所接受的格言——"要尽力使小朋友快乐"——在他们进学校的时候还要重新提出来，要他们遵守。老师的首要任务就是训练学生养成永远根据这个原则行动的习惯。这是一条简单的准则，它的明白浅显的道理在儿童幼小的时候就很容易教他们理解。当他们渐渐长大，养成了遵守这条准则的习惯并体验了自己所能得到的好处后，就能更好地感到并理解这一准则对社会的全部重大影响。

　　上面说的是儿童的实际习惯的基础，现在让我们来解释一下上层建筑的情形。

　　在学校里，除了教育男女儿童认识上述格言的原理并教他们

---

　　①　参见基督教圣经《旧约全书·以赛亚书》，第28章，第10、13节。——译者

身体力行以外，还要教他们好好地读书，并理解读物的内容；写字要快，字迹要清楚端正；准确地学习算术，以便理解并熟练地运用算术的基本规则。女孩子还要学会裁剪和缝制实用的家常衣服。在这些方面获得了充分知识以后，她们要轮流到公共厨房和食堂里去工作，以便学习经济地烹调卫生的食物，同时还要把房屋收拾得整齐清洁。

上面说过，要教孩子们好好地读书，并理解读物的内容。

在许多学校里，老师从来没有教导贫民和劳动阶级的子女去理解读物的内容，所以用于似是而非的教学上的时间便都浪费掉了。在另一些学校里，老师由于愚昧无知，便教导儿童一味相信自己所学的东西而不去追究其中的道理，于是他们也就从来不去正确地思考和推理了。这些确实可悲的教学法必然会使孩子们的头脑无法接受平易、朴实和合理的教育。

目前通行的儿童读物所传授的东西全是一些不应当在他们那种年龄教给他们的东西。由此可见成年人的矛盾和愚蠢。现在已是改革这种制度的时候了。**一个精力充沛的人事先不搜集一切有关的已知事实，能对任何问题作出合理的判断吗？搜集一切有关的已知事实难道不是人类在过去、现在和将来获得知识的唯一途径吗？** 既然是这样，我们就应当根据同一类原理教育儿童。首先要教导他们认识事实，从小孩子最熟习的事情开始，逐渐涉及各人将来可能归属的阶层所必需知道的最有用的知识。在任何情形下，对每一桩事都要在儿童所能理解的基础上解释清楚；当他们的智力发展时，就可以作更详细的解释。

一旦孩子们有条件接受这种教育,老师就应该抓住一切机会使孩子们深深地认识到个人的利益与幸福同所有其他人的利益与幸福之间显然存在着不可分割的关系。这应当是一切教导的全部要义;学生们也会逐步地理解透彻,以致深信其中的真理就像熟习数学的人深信欧几里得①的证明一样。孩子们领悟了这个道理以后,现世生活中压倒一切的、要求幸福的原则将驱使他们把这个道理始终不渝地贯彻到行动中去。

十分遗憾的是,人们至今还不知道儿童的智力有多高,儿童的能力一直是根据其所受的愚蠢的教育来估计的。如果人们从来没有教他们学会错误的东西,他们很快就会显示出很高的智力,使最不肯轻信的人也会相信人类的智力由于以往和现在的愚昧的培养办法而受到极大的损伤。

因此,十分重要的是,人的头脑从出生时起所应当接受的观念只能是彼此一致的、和世间已知事实相符合因而是合乎真理的观念。然而现在的情形是:从呱呱坠地之日起,儿童就被灌输了一套关于自己和整个人类的错误观念;人们非但不引导儿童走上通往健康与幸福的康庄大道,反而费尽心机驱使他们往相反的方向走;那样,他们只能得到矛盾和错误的东西。

假定上面介绍的方案从儿童还是幼儿时就坚决执行,**不受现行教育制度的阻挠**,那么就真才实学以及一切优良宝贵的品质而论,他们甚至在青年时代就不仅大大超过古往今来的贤哲渊博之

---

①　欧几里得是公元前 3 世纪杰出的数学家。他在希腊化时代的埃及亚历山大城教学并设立了一所学校。由他集大成而写下的几何学著作两千多年以来一直是研究几何学的基础。——译者

士，而且表里如一地成为有理性的优秀人物。诚然，这种变革不能一蹴而就，也不能通过魔术或奇迹产生，它只能逐步地实现；而最终完成变革则是一项经年累月的艰巨工作。这是因为从小受到错误教育的人，目前在世界上有势力有作为的人，以及其行动受前辈的错误观念支配的人，一定会力图阻挠这一变革。那些在早年系统地接受了一套错误思想、衷心地奉之为真理的人，当这些错误思想仍然存在时，必然会力图使之在自己的儿女身上流传下去。因此，必须采取某种简单而普遍能用的方法来尽快地消除这种大得骇人的障碍。

正是由于对这个问题有了这样的看法，我们才想到利用"新馆"准备条件，举行讲演晚会。我们打算在冬季每周有三个晚上举行讲演，其余的晚上举行舞会。

对于所受教育很差的人，这种讲演可以具有难以估计的价值；这种人现在是数不胜数的；因为世界上绝大部分人虚度了应受教育的时期，没有被训练成有理性的人；他们的观念和习惯完全是从愚昧的亲友和错误的教育中得来的。

我们打算让这种讲演成为亲切的谈话，用浅显动人的语言把村社中的成年人所缺乏的最有用的实际知识，尤其是培养孩子成为有理性的人的适当办法教给他们；告诉他们怎样有利地使用以自己的劳动挣来的工资，怎样支配自己的剩余工资，以便积成一笔资金，免得担心未来的匮乏。这样也就可以在现行制度的重重错误下使他们对自己的努力和善良行为具有合理的信心。没有这种信心，他们就不能养成坚定的性格，不能得到舒适的家庭生活，也不应有此想望。对孩子们可以根据其学习实用知识的进度提出问题,也可以让他们发问求解。总之,可以通过这些讲演以饶有风趣的、合人心意的方式向目前村社中最愚昧的人传授极有价值而又实在的知识。类似的办法只要花费很少一点钱就可以在全王国内实行,那样就可以使劳动阶级获得极其重大的利益,而通过他们又可以使整个社会受到这种利益。

因为我们应当考虑到,**我国的绝大部分人民属于劳动阶级或者出身于劳动阶级,而所有各阶层的幸福和享受都从根本上受到他们的影响,连最高的阶层也不例外**,因为每个人家的儿童的性格有很大部分是由仆人形成的,这是那些不习惯于从人的婴儿时期就细心探索人的心理状况的人所想像不到的。儿童自幼所接触的人应该先受良好的教育,否则儿童在任何情况下都绝不可能得到正确的教养。凡是体验过很好的同很坏的仆人之间的差别的人都能充分赏识好仆人的价值。

现在还要谈一下我们所计划的“新馆”的最后一部分安排,这便是教堂和它的教义。这方面的问题至关紧要,因为人们只要在宗教问题上认识真理,就可以永远树立起自己的幸福。正是由于缺乏这方面的认识而产生的种种矛盾造成了,而且现在还在制造着世界上大部分苦难。

真理的唯一可靠的标准就是永远自相符合。不论从哪个角度来看,也不论怎样比较,真理总是始终如一的。谬误就经不起这种考察和比较,因为它总是导致荒谬的结论的。

能够认识这个问题的人早就会发现,以往用来教育和管理人类的原理都经不起这种标准的考验。一经考察和比较,它们就暴露出荒谬、愚蠢和弱点来;这一切也就产生了过去与现在充斥于世间的无数争论、纠纷和苦难。

与上述制度相对立的、一向统治着世界并使人们不能团结的各种制度中，如果有一种是完全正确的，那么，它在公布之后早就该很快地流行于整个社会，使得所有的人不得不承认其中的真理。

然而上述标准证明，这些制度都一无例外地各有一部分同大自然的业绩相矛盾，也就是同我们周围所存在的事实相矛盾。因此，这些制度便必然包含着一些基本的错误。在我们揭露并消灭这些错误之前，人类绝不可能变得合乎理性，也不可能享受力所能及的幸福。

这些制度各自包含一些真理和更多的错误，所以其中没有一种曾经普遍实行——将来大概也不能普遍实行。

各种制度所包含的真理起了掩盖制度中的错误并使之持续下去的作用。但在那些自幼无人教育他们去接受这些错误的人看来，它们却是再清楚不过的了。

是不是要我提出证明来呢？大家不妨去问每一个教派与党派之中被推为最明智、最有教养的人，听听他们对世界上其他一切教派与党派的意见。他们会一无例外地作出同样答复，这岂不是显而易见的吗？他们每个人都会说：其他派别全都包含着显然违背理性与公道的错误，使人思想乖谬，不合理性，对于这些人，他只能感到可怜和深深的同情。他们每个人都是这样答复，一点也不觉得自己也是他们所要同情的人之一。

以往灌输给每一个已知教派的教义，加上人们的客观环境，都是直接用来造成，而且必然会造成以往所存在的性格。现在灌输给世人的教义，加上他们的客观环境，则形成目前社会上普遍存在的性格。

世界上以往和现在所灌输的教义，必然会造成和保持，而且也的确造成和保持了人类全无宽宏精神这种状态。这些教义也产生了迷信、偏执、虚伪、仇恨、报复、战争以及这一切的全部恶果。这是因为教导给人们的每一个体系（例外情形只是表面的而非实际的），不论以往和现在都有一条基本原则，这就是："相信这一体系的教义，人就有了功绩，就会得到永恒的报酬；不相信这些教义，人就会遭到永恒的惩罚；始终无人教导他们去相信这一体系的教条的无数的人，注定要遭到永恒的苦难。"然而大自然本身通过其一切业绩却始终使人认清这是绝顶荒谬的说法。

受骗的同胞们，为了你们自己未来的幸福请相信我：你们如果正确地观察周围的事实，就可以看清（甚至可以得到确证），所有这一类的教义必然都是错误的。**因为人的意志绝不能控制自己的看法。他在过去、现在和将来都必然会相信前辈或周围的环境曾经、正在或将要留在他心里的东西。**这样说来，如果认为从开天辟地直到现在的任何人应当由于早年教育所造成的偏见而受到荣辱赏罚，那便是地地道道的不合理的看法了。

人类这么多的苦难都是由于以往一直灌输给他们的一切体系中所存在的这些基本错误而产生的，因为有了这些错误，人们才从小就不断地被人教导去相信不可能的事情；他们现在仍然被人教导去走同样一条疯狂的道路，其结果仍是造成苦难。让我们把这个不幸的源泉、这个最可悲的错误、这个人类的灾祸公开地揭露出来吧，让我们采取已被其本身的始终一致性和我们的感性知识所证实了的那些正确的原理吧。那样一来，虚情假意、仇恨报复甚至伤害同胞的念头在不久之后便会一齐消失，而宽宏精神、由衷的慈爱以及互相友爱的行为将成为人类天性的显著特征。

到那时，世界各国的人从王公到农民，还要遭受极其错综复杂而又广泛流传的苦难吗？人们知道了苦难的原因和防止办法以后，还要加以抑制、不予采用吗？然而把有关这一原因的认识传授给人们的时候，不可能不触犯所有的人的根深蒂固的成见。所以这一工作是充满着困难的。唯有预见其中重大的实际利益、从而可以和困难作斗争的人，才能加以克服。

由于世人迄今所受的黑暗重重的错误教育，要在整个社会上普遍树立这一伟大真理是很困难的。尽管如此，我们充分考察了这个问题之后，就会发现，这几篇论文所提出的原理绝不可能伤害任何一个阶级，甚至不会伤害任何一个人。恰恰相反，在世界大家庭中，上下各等成员没有一个不会由于这一真理的公开传布而获得极其重大的利益。当人们清楚地看出并深刻地感受到这种难以估价的、永恒的丰厚利益之后，难道还应该让个人的考虑妨碍他们取得这种利益吗？不！他们生活上的舒适和享受、社会上一部分人对他们的赞扬、甚至他们自己的生命，都可能由于那些成见而遭受牺牲，但是这种认识所根据的原理最后必然会普遍取得胜利。

我们之所以如此充满信心地预言人类历史上这一无与伦比的重大事变，是因为产生这种信心的认识不是从黑暗重重的愚昧时代的任何不足相信的传说中得来的，而是从全世界现存的显而易见的事实中得来的。对这些事实——对这些真实地启示给人类的大自然的业绩加以适当的注意，就会很快地教导、更确切些说是迫使人类发现自己所受的教育中普遍存在的错误。

因此,我们建议"新馆"所传授的教义要以这样一条原则为依据,这就是:这些教义必须和普遍启示给人类的、因而不可能不正确的事实相符合。

从"新馆"这一部分事业来看,下列事实可以说是基本的事实。

人生来就具有谋求幸福的欲望,这种欲望是他一切行为的基本原因,是终身都有的;用一般人的话来说,这便是人的利己心。

同时,人也生来就具有动物性倾向的幼芽,也就是具有维持生命、享受生活和繁殖生命的欲望。这些欲望在成长和发展的时候,就被称为人的自然倾向。

人还生来就具有官能,它们在成长的过程中接受、传达和比较各种观念,而且使人意识到他在接受和比较各种观念。

像这样被人接受、传达、比较和理解的观念构成了人的知识或智慧;随着个人的成长,这种知识或智慧也就增加和成熟起来。

人的享受幸福的欲望、自然倾向的幼芽以及获得知识的官能,都是在母胎中形成的,他自己是不知道的。不论完善与否,这一切都是造物主直接创造的,无论幼儿还是日后的成人都无法加以控制。

这些倾向和官能在任何两个人身上都不可能完全相同。这就产生了才能上的差异,以及不同的人对同一外界事物所怀有的所谓爱与憎的不同感情。在那些显然在类似的环境中形成其性格的人之间,这种差异就小一些。

人所接受的知识是从周围事物中得来的,其中主要是从离他最近的前辈们的榜样和教导中得来的。

这种知识可以是有限的,也可以是广泛的;可以是正确的,也可以是错误的。个人所接受的观念少就是有限的，接受的观念多就是广泛的；个人所接受的观念同周围的事实不符的就是错误的，始终相符的就是正确的。

人所经历的苦难和他所享受的幸福取决于他所接受的是哪一类知识，接受的程度如何，同时也决定于他周围的人所具有的知识。

如果他所接受的知识是真实无误的，那么纵使知识有限，只要他生活所在的社会具有同一类和同一程度的知识，他就会享受和他的知识程度相当的幸福。反过来说，如果他所接受的观念是错误的，他生活所在的社会也具有同样错误的观念，他就会遭受和他的错误观念程度相当的苦难。

如果人所接受的知识达到了最大限度，而且是真实无误的，那么他就可以而且将要享受他的天性所能享受的一切幸福。

因此，首要的事情就是教人辨别真伪。

人只有通过推理能力，即获得观念并加以比较的能力，才能识别什么是谬误的。

如果一个人的推理能力从幼儿时期开始就得到适当的培养或训练，而且他在儿童时期就受到合理的教导，知道要排除那些自己加以比较之后认为是自相矛盾的印象或观念，那么这个人就会获得真实的知识，或者会获得所有的、未因相反的教育法而变得无理性的人都认为是自相符合或合乎真理的观念。

没有现实根据的、因而人的推理能力无法以之同先前从周围事物中获得的观念相比较的种种概念，在推理能力成长的过程中，反复地给它留下印象，从而可能使它受到损害和摧毁。一个人接受这些无法理解的概念,同时又接受明知其正确但与这些概念相矛盾的、来自周围事物的观念,这时人的推理能力就受到损害,这个人就是被教育或被强迫去相信,而不是去思考或推理,这就造成半疯癫或判断能力不健全的状态。

目前所有的人都是用这种非理性的方式培养出来的,因而世界上便有了矛盾和苦难。

现在从每一个人的幼年时代开始就印在他的头脑里、从而产生了其他一切谬误的根本谬误是:每一个人的性格是由他自己形成的,而且由于早年印在他头脑里的一些特殊概念而有了功劳或是有了过错:那时他还没有能力和经验去判断这些概念或想法,或者不让它们在自己的头脑里留下印象。这些概念或想法一经考察就显得是同周围的事实有矛盾的,因而便是虚妄谬误的。

这些错误概念一直在世界上造成祸害与苦难,而且现在仍然在向四面八方散播这些祸害与苦难。

这些概念之所以存在的唯一的原因是人对于人性一无所知;它们的后果就是人类以往和现在所遭受的,除去出自意外事故、疾病和死亡的祸害与苦难之外的一切祸害与苦难;而意外事故、疾病和死亡所造成的祸害与苦难也由于人对自身一无所知而大大地增加和扩大了。

人的享受幸福的欲望、也就是人的利己心愈是受到正确的知识的指导,人的高尚的和造福他人的行为也就愈多;这种欲望受错误概念的影响愈大,或正确的知识愈是缺乏,犯罪的行为就愈多,因之也就产生无穷无尽的各种苦难。这样说来,我们现在就应该采取一切合乎理性的方法来识别谬误并增加人们的正确知识。

把这些真理弄明白以后，每一个人必然会在自己的行动范围内努力促进其他一切人的幸福，因为他必然会明确无疑地理解到这种行为是自己利益的真正所在，也就是自己幸福的真正因素。

这样我们就有了一个牢固的基础来建立纯正无邪和不可或缺的宗教，也就是没有任何起着反面作用的流弊的、唯一能给人类带来和平与幸福的宗教。

新拉纳克"新馆"中有关宗教部分的主要方针就是运用这些最最重要的真理来陶冶人的性格。这些真理也就是宣教者所根据的基本原理。这样，我们就当众宣布这些真理，好让大家加以讨论并进行十分严格的检查与研究。

因此，让世界各国和各帝国中被推崇为最渊博和最聪明的人从根本上来考察这些真理，把它们同每一种现存事实比较一下吧；如果发现有丝毫矛盾或虚假的地方，就把它公开地揭露出来，以免造成更多的错误。

但是如果这些真理能经得起这种广泛的考验，并且证明与每一桩已知事实都符合一致，因而都是正确的，那就要公开宣布：人可以让人变得具有理性，世上的苦难可以迅速消除。

以上谈了游戏场、健身房、学校、讲堂和教堂的主要用途。此外只要把我们在叙述游戏场时已经提到过的军事操的目的说明一下就能结束有关"新馆"的叙述了。现在让我们来谈谈这个问题。

如果所有的人都被训练成有理性的人，那么战争技术就没有用处了。但是如果有任何一部分人受人教导，认为他们的性格是由各人自己形成的，并且从小就不断受到训练，使他们的思想和行动都不合理性（这就是说使他们养成仇恨的心理，认为自己有责任用战争去对付那些被教育得在情感上和在习惯上与自己不同的人），那么，即使最有理性的人，为了本身的安全，也不得不学会自卫的方法。最有理性的人所组成的任何社会，当它的周围都是那样错误地教育出来的人时，就应当学习这种破坏性的技术，使自己能够抵御无理性的人的行动，能够维护和平。

为了实际上尽可能地并尽量减少麻烦地达到这些目的，就应当教导每一个男子知道当自己所属的社会受到攻击时，怎样才能最好地进行防御。这种有利的事情，唯有拟定正确的方法去教导所有的男孩子学习作战技术和武器的使用方法才能办到。

为了提供典型，说明这一点在不列颠诸岛能够怎样容易而有效地办到，我们的计划是：新拉纳克"新馆"所训练和教育的男孩子应当学习作战技术和武器的使用方法；指派在游戏场上管理儿童的人应当能够教导和训练儿童做体操，他应当时常从事这项工作，然后应当为孩子们准备武器，其重量和大小适合他们的年龄和体力，那时就可以教导他们操练和理解较为复杂的军事动作。

这种操练如果行之得法，对于孩子们的健康和精神是有很大的好处的，它可以使他们具有挺拔匀称的体形，养成精神集中、行动迅速和遵守秩序的习惯。可是我们要教导他们认识到这种操练之所以绝对必要，是由于有些人陷于半疯狂状态（这些人受到世代相传的错误的教育，对于那些不由自主地在情感和习惯上和他有分歧的人养成了仇恨的心理，并逐渐发展到疯狂的程度）；认识到这种技术除了用来制止这种人的暴行以外是绝不应当运用的；而且运用时，也要尽量减低严酷的程度，运用的目的只是预防疯人的鲁莽行为将造成的不幸后果，并在可能时治好他们的疯病。

因此，只要有远见、有措施，几年之内地方军队的开支和麻烦便几乎可以全部省掉，同时却可以建成一支常备军队。从国防的角度来看，这支军队的人数、纪律与素质都是无比优越的；它时刻准备着，一有需要，立即可用，而社会却不像现在这样在有效的和有价值的劳动方面蒙受损失。采取这一简单的办法所能节省的开支远远超过了教育联合王国的全部贫民与劳动阶级所需要的费用。

此外，我们还打算给新拉纳克村社作出一种安排。没有这种安排，这个企业便仍然是不完整的。

这是一种使人们能够勤劳谨慎、未雨绸缪、为自己的老年准备舒适的饮食起居条件的方法。

现在企业所雇用的人都为赡养公积金缴款，当他们因病或年老不能工作时就靠这笔公积金生活。我们并不打算用公积金使他们的生活超过最低水平，可是他们不断地劳动了将近半个世纪之后，如果有可能享受一种舒适的不仰赖他人的生活，这当然是值得欢迎的事。

为了这个目的，我们打算在目前村落附近最赏心悦目的地方，盖一些整洁方便并附有菜园的住宅。住宅周围要种植树木，作为屏障。树木之间铺设公路，整个的布置要使住在那里的人能享受到最实际的舒适生活。

这些住宅以及公路的权益等等都将成为纳款人的财产；他们自愿地每月缴纳一份公平合理的款项，到规定的若干年以后就足以购置这笔财产，并能积成一笔基金，使他们搬进新住宅以后可以按周、按月或按季度领取一笔足够维持生活的钱。由于我们很容易作出安排，不要他们自己费事就能满足其一切需要，同时由于他们原先受到了教育，能够承担生活所需的、为数甚少的额外费用，因此他们个人的开支将缩减到最低的程度。

这一部分安排总是给雇工们提供一幅恬静、舒适和幸福的前景。因此，他们每天工作得更起劲、更高兴，他们的劳动也就显得比较轻松而愉快。在业雇工自然会常常去探望那些已经辛劳多年、如今实际在享受这种简朴的退休生活的老友。这种来往自然使大家都感到愉快。细想起来，大家心里都十分满意。老年人感到高兴的是他们受过训练，养成了勤劳克己和未雨绸缪的习惯，使他们能在风烛残年获得目前社会所容许的一切合理的享受。青年人和中年人感到高兴的是他们也在走同一条道路，他们所受的训练没有使自己懒惰放纵，因此没有浪费金钱、时间和体力。这些以及许多类似的思想是一定会在他们的脑中出现的。能够满怀信心地瞻望将来，有把握享受这种十分可靠的舒适和独立生活的人，通过预感也或多或少地享受到这种生活的好处。总之，这一部分安排如果考虑得周到的话，对于村社成员和企业主讲来，都是最重要的一个部分；说实在的，人们在这么多的方面体会到它的巨大好处，以致即使把这些好处说得不如实际情况那么好，也会使人感到是一种过分的夸张。然而事实将证明它们的真实性并不因为人们现在还不知道这种办法及其所根据的原理而有所减损。

以上所说的就是目前已经实行或打算要实行的进一步改善新拉纳克居民情况的一些计划。它们全是根据这几篇论文所阐述的原理拟定的，只是由于当地居民与附近地区居民的情感和毫无根据的想法，以及企业的特殊条件，所以才不能放手实行。

　　我们在新拉纳克采取每一种谋求人们生活舒适和幸福的措施时，都要考虑当地存在的种种错误，同时企业主的看法各有不同，所以必须想方设法使每一种改良都能产生金钱利益，足以满足他们经商的兴致。

　　由此看来，为了这个两三千人的村社的幸福所做的一切，同人类如果事先未受错误教育就很容易实现的情形相比，还差得很远。因此，在拟制这些计划时，我们唯一的考虑并不是这些原理要求采取哪些措施才能给人类造成最大的幸福，而是在目前不合理的种种制度下我们的做法在实际上究竟能够取得什么效果。

　　由于以上列举的巨大障碍，这些做法直到现在当然还是不完善的，然而能够理解这种制度的人充分地、仔细地加以考察之后，还是会发现这些做法以前所未能达到的程度兼顾了工厂雇工的实际享受和工厂所有主的金钱利益。

　　但是这些措施应当提交给谁呢？不能提交给专门做生意的商人。在他们看来，谁放弃个人眼前利益的道路，谁就表明自己神经错乱，因为商业界人士所受的教育使他们把全副精力都用在贱买贵卖上；所以在这种聪明和高贵的生意经方面最精通、最成功的人在商业界便被认为是有先见之明和高强本领的人。至于那些试图改进他们雇工的道德习惯并提高其物质享受的人，则被称为狂妄的好事者。

　　这些措施也不能提交给专门从事法律工作的人，因为他们一定都受过训练，使他们努力颠倒黑白、混淆视听，把不公正的事情合法化。

　　纯粹的政界领袖或其党人也是不行的，因为党派的束缚迷惑了他们,使他们作出错误的判断,往往迫使他们为了明显的然而是极端错误的个人利益而牺牲社会的和他们自己的真正福利。

所谓英雄或征服者以及追随他们的人也不行,因为他们所受的思想教育使他们认为,让人类遭受苦难和进行军事屠杀几乎是一种无法酬赏的光荣任务。

外表时髦或漂亮的人物也不行,因为这些人自幼所受的教育使他们尔虞我诈、舍本逐末、一生虚伪,所以一生不满而且苦痛。

这些措施更不能专门提交给世界上同本论文所述原理相对立的各种宗教体系的官方宣教者与辩护士,因为其中有许多人本身就在积极地传播虚妄的概念,这些概念一定会损害人的推理能力,并使其苦难持续存在。

这样说来,我们就不能让上述任何一种不幸状况所熏陶出来的并继续处在这种不幸状况之中的人来审定这些原理以及它们所提示的实际制度。这一切只能提交给另外一种人,让他们公平冷静地、耐心地加以考察和审定。这种人是社会上各阶层、各阶级和各教派中多少有点觉察到现实生活中的错误的人,是已经感到自己思想上受到重重黑暗的包围的人,是热情地希望发现真理并不辞赴汤蹈火地追随真理的人,是能够看出个人利益与集体利益以及私人利益与公众利益之间有着不可分割的联系的人!

前面已经说过,现在还要重复一遍:这些原理像这样组合起来以后,将证明是完全正确的,经得起最阴险的或最公开的攻击。它们是不可抗拒的真理,所以不久就会遍及全世界每一个社会。因为"沉默不会阻碍它们的进展,反对则将加速它们的活动"。当它们在某种程度上驱散了(这是很快的事)从古到今包围着人类心灵的重重黑暗以后，我们便可以更详细地解释普遍实现这些原理之后必然会取得的无穷效益，并向那些认为它们已经不像过去那么可疑的人推荐。

现在我们在第四篇论文里要谈的是，针对不列颠帝国人民的现状能够实现哪些改良。

论　文　四
前几篇论文中的原理在政治方面的运用

"预防犯罪远胜于惩罚罪行。"

"因此，预防愚昧，从而预防犯罪的政治制度远胜于助长愚昧，因而必然制造罪行，然后又对二者都施加惩罚的政治制度。"

政治的目的是使治人者和治于人者都幸福。

因此，能够在实际上为最大多数的治人者和治于人者创造最大的幸福的政治，便是最好的政治。

在上一篇论文中我们说过并能以实践证明，只要采取适当的方法，就可以逐步地把人加以培养，使世界上任何地方都没有贫困、没有罪恶，也没有惩罚。因为这一切都是各种教育与政治制度的错误所产生的后果——这种错误则是由于人们对人性完全愚昧无知而产生的。

最重要的是使大家看清这种愚昧无知的状况，并说明采用什么方法可以产生上述卓越的效果。

我们也曾说过，人可以经过教育而养成任何一种情感和习惯，或任何一种性格。现在自命为了解人性的人没有一个会否认，任何一个独立社会的管理当局都可以使该社会的人养成最好的性格，也可以使之养成最坏的性格。

因此，如果世界各国政府有一项压倒一切的紧要任务的话，那便是毫不迟延地采取适当措施，使人民养成能够让个人和社会都得到最巩固和最丰硕的利益的情感和习惯。

我们不妨考察一下远古时代的成就，探索这些成就自古到今的发展，看看其中除开实际增进世人幸福的东西以外，还有什么真正有价值的东西。

以往写成的汗牛充栋的书籍以及目前仍然逐日印出来的无数书籍尽管炫示了那么多的学问，然而关于人类走向幸福的第一步的知识大众还是一无所知，或者是根本不加考虑。

我们所指的关系重大的知识是："年老的一代可以把年青的一代培养成愚昧和不幸的人，也可以把他们培养成聪明和幸福的人。"我们如果加以考察的话，就会看出这项知识是经验所发现和证实的、简单而又伟大的宇宙规律之一。它一旦为人们所熟悉，就再也没有否认或争论的余地。首先从理论上掌握这项知识并在实践中加以采用的政府，便是最幸运的政府。

为了使我们祖国首先获得这种知识，我们便向不列颠帝国亲自执政的人提出一套办法，热烈地希望这一套办法能得到最充分和最全面的讨论。如果经过考察之后，发现它是唯一没有矛盾的、因而是唯一合理的治人的制度，那就可以稳健地、逐步地用这一套办法来代替目前有缺点的国家政治措施。

因此我们就来解释目前怎样才能实现这一原理而不至于伤及

社会的任何部分，因为唯一成为困难的问题的，就是介绍并实现这一原理的时间和方式的问题。

上述这一点是很明显的，只要我们考虑到：尽管把极为简单的事实明白地说出来就一定能使人们洞若观火地看到这一原理所包含的真理，以致谁也不敢公开地加以攻击，尽管实现这一原理将使世人迅速地获得越来越多的目前还不能充分理解的种种利益，然而我们将在其中推行我们的理论和实践的社会，却是按照那些使其成员养成同我们的理论和实践完全相反的习惯和情感的原理培养和成长起来的。从婴儿时期起，他们的身心在成长过程中始终都深受这些习惯和情感的牵制，以致只有真理所具有的那种纯朴和不可抗拒的力量才能把它们解开，才能暴露其荒谬性。所以为了防止由于变革太突然而产生的流弊，我们就必须使那些从愚昧中培养出来的人在思想上可以逐步地离开黑暗之乡而来到这一原理必将发出的智慧之光的照耀之下。这样说来，必须首先使真正的知识向这种黑暗之乡发出曙光，然后在住于其中的人茅塞顿开而逐渐能够接受它的时候，逐渐增强其亮度。

为了进行这一计划，我们必须注意不列颠人民的实际状况，必须揭露目前大家都在抱怨的一些首要祸害的原因。

这样，我们就可以看出，这些祸害的基础是前辈传给我们这一代人的种种谬误所造成的愚昧状况，其中起主要作用的是**每一个人的性格是由他自己形成的这一无比严重的谬误**。因为当人们把这一最为自相矛盾、因而最为荒谬的概念继续强行灌输给后辈时，人与人之间就没有任何基础可以树立真挚的爱和博大的宽宏精神。

但是只要消灭了这种海德拉①似的人类的灾祸,这种吞噬一切理性原则的恶魔,这种一向成功地把守住每一条能够通往真正的仁慈与善行的道路的妖怪,人类幸福很快就可以在磐石之上建立起来,永远不再消失。

现在可以轻而易举地消灭这个人类的大敌了。它一直躲在一张神秘的黑幕之后,避开了世人的耳目;让我们把它从黑幕后面拖出来吧;只要把它放在智慧的亮光下照一会儿,它就会自惭形秽似的立即消失,永不再现。

因此,作为建立合理制度的基层工作,我们首先要消除这一荒谬的理论以及随之而来的一系列后果,我们还要把那些始终自相一致、因而证明为正确的理论当作唯一神圣的东西教导给人们。

这一基本目标完成之后(要使人们成为理性动物,必须先完成这一目标,然后才能采取其他步骤),接着就要废除那些主要由于这一错误理论而产生的、目前风行一时的、训练着人民去做几乎任何一种犯罪行为的国家法律,因为这些法律能够万无一失地制造出一系列的罪行;这些罪行也就因此而产生了。

以上提到的法律中几项最突出的法律是:扶植和发展贩卖烈酒的铺子和小酒店——腐蚀愚蠢和不幸者的巢穴——以鼓励饮用烈酒的法律;以国家彩票的名义准许穷人赌博并使之合法化的法律;以赡养贫民的名义暗中破坏国家实力的法律,以及在现行不合理的立法制度下,被认为是维系社会所绝对必需的处罚犯人的

---

①　海德拉是希腊神话中的九首海怪,斩其一首,复生二首;用来比拟难以一举根绝的灾祸。——译者

法律。

我们周围有千百万件事实以层次分明而又响亮的语言向我们证明了这一推论的正确性，因此很难相信还有人能对它有所误解。

这些事实向宇宙大声疾呼：愚昧造成、助长并增加了一定会使个人和公众遭遇苦难的种种情感和行为；当人们遭受祸害的时候，愚昧非但不去消除祸害的**成因**，反而想出并施用种种惩罚。在肤浅的观察家看来，这些惩罚似乎减少了危害社会的祸害，而实际上却大大地增加了祸害。

相反地，智慧则追溯出每一种现存祸害的成因，并采取适当的方法来消除这个**成因**，然后智慧就可以万无一失地确信它的目标能够实现。

这样说来，智慧，也就是纯朴天真的理性会考虑目前在社会上造成苦难的各种情感和行为，会耐心地追溯出这种情感和行为的成因，并立即采取适当的补救措施来加以消除。

经过这样仔细研究之后就会发现，不列颠人民之所以有这些情感和行为是由于有了上面列举的和下面将要提到的法律。

因此，要消除折磨着社会的现有的祸害，就必须逐步地废除或修改这些不智的法律。不列颠宪法，就其现有的轮廓来看，特别适于实现这些变革，而不会产生那种强迫实行或准备不够的变革必然会产生的流弊。

但是，作为在全国开始实行改良的预备步骤而言，我们应当怀着今后绝不动摇的真心诚意宣布：绝不剥夺目前这一代中任何人现在所得到的，也就是官方或法律已经允许给他的利益。

全国性改革的下一步骤是使国教会放弃成为其弱点并使之遭

遇危险的一些教义。然而为了预防任何时机未熟的改革所造成的流弊,国教会在其他方面应保持原状,因为在旧有的既定形式之下,它是可以实现极有价值的目标的。

为了使它能够成为名副其实的国教会,一切所谓宣誓①,也就是人们全都无法本着良心参加的信仰宣誓,都必须予以取消。这一改革也许比任何其他能够拟制出来的改革都更能使国教会和国家获得巩固。采取这种合理的方法可以立刻消除目前使人思想混乱并普遍引起纠纷的神学上的分歧。

全国性改良的下一步措施是废除和修改那些使低级阶层愚昧无知,使他们不知节制,并在他们中间制造懒惰、好赌、贫困、多病的现象和凶杀案件的法律。现在生产和消费烈酒是得到法律上的鼓励的;每年政府给贩卖烈酒的小铺和不必要的小酒店的老板发出数以千计的执照;国家法律现在明文规定发给这些执照,然而制定或维护这些法律的人也许没有一个想过,这些酒店**每一家**每天给公众增添了多少罪行、疾病和衰弱的体质,也没有想过它们给个人增添了多少苦难。

这样说来,我们难道还要继续让自己的同胞受到诱惑的包围吗?我们明明知道,就其中许多人目前所受的教育来说,他们是不能抗拒这种诱惑的;同时这种诱惑也会使被诱惑者从一种被周围的人的榜样和教导而引入的偶然神经错乱的状态,逐步沉沦到疯狂和疾病缠身的状态,使他们的体质比婴儿还要孱弱,这样又造成

----

① 1672 年英国议会通过法案,规定官员就职时宣誓信仰英国国教并接受圣礼等。该法案于 1828 年废除。——译者

他们精神上的痛苦和恐惧，这些痛苦和恐惧暗暗地，然而极其有力地破坏人们能够为个人与公众幸福作出贡献的一切才能。

不列颠政府难道还能继续保存这种法律或者容忍这种训练人们去制定和实施这种法律的制度吗？

（1736 年议会通过一条法案〔乔治二世九年第二十三号法令〕，法案的前言说：“饮用烈酒现已极为普遍，低级阶层中尤其如此。然而经常过量饮用则极其有害他们的健康，使他们不适于从事有益的劳动与工作，破坏他们的道德，诱使他们无恶不作。过量饮用此种烈酒的恶果并不只摧残目前这一代，而是要贻害后世，使本王国遭到摧残和毁灭。”于是明令规定，无执照者不得零售酒类，每张执照每年需缴五十英镑，并需遵守限制酒类销售的其他条款。

1736 年 1 月米德尔塞克斯郡英王陛下治安推事们所作的一篇报告说明，根据已掌握的材料，当时在威斯敏斯特、霍尔本、伦敦塔以及芬斯伯里区〔索思沃克自治市区与伦敦城区①除外〕内，共有七千零四十四家公开零售烈酒的酒馆与酒店；治安推事们认为实际上绝不止这个数目。）

关于这些法律的恶果，我们肯定地说得够多了，足以使人明白其真相了。因此让我们逐步提高酿造烈酒的税额，直到酒价过高，使一般人喝不起为止。同时我们也要逐步吊销贩卖烈酒的小铺和不必要的小酒店的现在业主的营业执照，并降低啤酒的酿造税和消费税，以便更容易引导贫民与劳动阶级革除喝烈酒的有害的习

---

① 此处伦敦城区指伦敦郡中最小的自治市区，也是伦敦的中心商业区。前面的威斯敏斯特、霍尔本、芬斯伯里等，都是伦敦郡的自治市区。——译者

惯,逐步地完全摆脱这种犯罪的诱因和产生苦难的必然根源。

下一步改良应是废除国家彩票。

规定发行国家彩票的法律,完全是使赌博合法化、陷害不谨慎的人和掠夺无知者的法律。

如果一种制度能使国家欺骗和伤害国民,同时却希望国民不一定会养成骗人和害人的习惯,这种制度的错误该是多么严重!

我们可以断定这种措施对国家的岁入是有害的。

考虑过国库岁入的性质的人以及能够理解这一问题的人都知道:这种收入只有一个合法的来源——它直接或间接地来自人的劳动;其他条件如果相同的话,从一定数目的人身上所得到的收入将和他们的体力、勤劳以及能力成正比例。

如果治理国家的法律是根据有关人性的正确知识制定出来的,同时全体人民又都受到良好的教育,那么这个国家的实力,将大大超过一个人数相等、但大部分人民受到不良的教育、并且受到在愚昧无知基础上制定出来的法律的管理的国家。

因此,在希腊小城邦还受到较为明智的法律的管理时,它们的国力就比幅员辽阔的波斯帝国强大。

根据这一浅显明白的原理,废除一些法律就可以大大增加不列颠帝国的实力和财源。这些法律表面上看来满有理由是在每年给王国增加几百万(仅仅几百万)镑的收入,而实际上却在耗损国家的元气。因为在这种法律摧残人民的精力和能力,把人民弄得身心衰弱并训练他们作奸犯科以后,王国就会需要比几百万镑多得多的一笔开支去保护和治理他们。

我们可以有把握地说,连那些具有最平常的理解力的人,只要略有实际经验，也都能够清楚地认识到这些论点的正确性。

普遍改善不列颠人民情况所应采取的下一步骤是修改有关贫民的法律。制定济贫法[①]的动机无疑是纯正的、慈善的，然而济贫法的直接和肯定的作用则是几乎尽可能地伤害贫民，并通过贫民几乎尽可能地伤害国家。

这些法律表面上是在救济受苦受难的人，实际上却在帮助贫民养成最坏的习惯，犯下各种各样的罪行。于是，这些法律便使贫民人数增多，使他们的苦难加深。因此，我们必须采取坚决有效的措施来消除现存法律所造成的祸害。

慈善家说绝不能让穷人挨饿；政界贤达也欣然同意这一说法。然而这种迫使勤劳克己、品格较好的人去养活愚昧懒惰、品格较坏的人的制度难道是正确的吗？可是不列颠帝国的济贫法所起的作用正是这样。因为济贫法公开鼓励懒惰、愚昧、浪费和放荡的行为，而不鼓励勤勉和良好的行为。这种不合理的制度所产生的祸害时时刻刻都在增加，都在害人。

因此就有必要立即拟定并实施某种能够遏制这些祸害的补救办法；因为济贫法虽然为害匪浅，但在不列颠人民目前的状况下，要把很大一部分人在传统的教育下认为必须仰仗其助力的制度立即加以废除，显然是行不通的。

我们应当用一种性质与之相反的制度逐步削弱济贫法，最后

---

① 英国从 16 世纪伊丽莎白女王时期开始有济贫法，此后历经更改或补充，直到 20 世纪才被三四十年代的有关公共福利设施的法律所取代。济贫法规定各教区征收济贫税，教区中无法维持生活的居民可以通过济贫法得到救济。济贫院、贫民习艺所等就是以救济贫民为名建立起来的。参见本书第 28 页注①。——译者

使之完全失效。

代替济贫法的适当制度我们已经部分地解释过了,现在还要进一步加以说明。这种制度可以称为"预防犯罪和培养人类性格的制度"。在稳定的、善良的政府之下,这种制度用来为公众谋福利比任何现存法律都更有效。

这几篇论文所根据的基本原理是:"整个说来,儿童们可以经过教育而养成任何一种情感和习惯",也就是说:"可以经过培育而养成任何一种性格。"

重要的是:**这一原理必须永记在心,其中的真理必须丝毫不容置疑地加以确定**。在肤浅的观察家看来,这好像是一种没有什么价值的抽象真理,但是善于思索、善于严谨地推理的人很快就会看出,这是一种力量,它终将摧毁自古积累起来的愚昧和因之而生的偏见。

这是因为这一原理既是根据世界历史中一切主要事实推论出来的原理,所以加以最广泛的考察后,人们就会发现它和现存的每一桩事实都是符合的。因此,这个原理就适宜于作为一种新制度的基础;这种制度由于它的正确性和无比重大的意义,必然是不可抗拒的,它会很快地代替一切现存制度并将永远存在下去。

但在介绍这一制度的各个方面及其一切后果以前,我们还必须使公众从心底里相信它的正确性。

为了这一目的,让我们凭想像去考察世界各个帝国与国家,仔细地想一想生活在世上这些人为地划分出来的区域中的人的情况。

　　如果把每一个社会的民族性格同社会中支配人们的法律与风俗作一对比，我们就会一无例外地发现，二者是一模一样的。

　　以往，莱喀古士①所制定的法律和习俗使人成为尚武好战的模范和完善的战争工具，而目前在另一些法律与习俗之下，那里的人却被训练成几乎或完全不能打仗的专制主义的工具。雅典的法律与习惯培养了青年人，使他们具有像以往史籍所记载的那样多的一部分理性，而那里在法律和习惯完全改变之后，人们的理性却下降到最低点了。还有，以往优秀的美洲土著部落毫无畏惧地在人迹未到的森林中漫游的时候，人人表现出一种耐劳、精明、高贵和诚挚的性格；他们不能理解，一个有理性的人怎能希望占有超过一个人的本性所能享受的东西。现在在同一种土壤和同一种气候条件下，人们的性格却是由完全相反的法律和习俗所形成的，所以他们每一个人都千方百计地尽可能取得多于任何人所能享受的一万倍的东西。

　　既然连最没有文化的人，通过其住所周围日常见到的事例也很容易看到教育对于人性的必然影响是不言而喻的，我们又何必列举这种影响所产生的说不尽的后果呢？

　　我们可以认为，没有人会这样缺乏知识以致设想，由于具有不同的人性，而且由于人性本身的力量，人才陷于愚蠢和贫困，并且具有使自己犯罪和受刑的习惯，或者成为崇尚时新、愚蠢而矛盾地自命不凡的人；也没有人会想像，由于人性本身的某种未曾明确

————————

　　①　古代希腊的斯巴达国家制度的创立者，据推测，他生活在公元前 8 世纪。——译者

的、盲目的、不自觉的而且与教育毫不相干的作用,才形成了商业界、法律界、教会、陆军、海军以及社会上私自违法的掠夺者的情感与习惯;同时也没有人会认为,由于不同的人性才形成犹太教、教友会以及过去和现在的一切教派。不!除开在宇宙间一切化合物中永远可以找到的细微差别以外,每个人的人性都是完全相同的;它是毫无例外地、普遍地可以改造的。经过适当的培育,**世界上任何一类人的年幼子女都可以很容易地成为其他一类人,甚至于相信并声称某种行为乃是正确和高尚的、是自己即使牺牲性命也要加以捍卫的,而这种行为却是他们的父母被教导得相信并说是错误和邪恶的,即使牺牲性命也要加以反对的。**

你们这些为自己早年养成的教派或党派偏见的优越性辩护、反对别人经过教育而养成的教派或党派偏见的人,你们立论的根据是从哪里得来的呢?今天,即使最无知的人也几乎可以看清:你们没有受你们现在所痛责的一些概念和习惯,这里面并没有你们半点功劳。这样说来,你们难道不应当,难道不愿意以宽宏的态度来对待那些由于所受的教育而具有与你们不相同的情感和习惯的人吗?让大家自己来公平地考察一下这个问题吧;这是值得十分仔细地研究的问题。研究之后,大家就会发现,正是错误的教育使年轻人对于人们早年养成偏见的真正原因有了错误的认识,因而才产生人生的几乎所有的祸害。

你们这些为早年养成的偏见的优劣辩护的人,你们所依据的原理又是从哪里得来的呢?

让这种丑恶的苦难的制度原形毕露吧!它是应当加以揭露的,因为在开始培养人的性格的时候,它就反复地教育了人,破坏了唯一能使他真正与人为善的那种纯洁的宽宏精神。人们一向受到的教育使他们认为只有自己早年被人养成的那些情感和习惯才是正确的，因而是优越的。这种看法是整个社会不团结的主要原因，确实是同纯洁无瑕的宗教直接对抗的，二者永远是水火不能相容的。但是这种看法造成了多少苦难，这已是不能再掩盖多久的了。它已在加速地走向一切错误必然会遇到的下场，因为据以建立这种苦难的制度的极端愚昧无知已经大白于天下了，这样一来，支持它的人不敢出面为之辩护，任何有理性的人也都不会给予支持。

我们已经说明了愚昧无知在建立那些治人的制度，也就是迫使人成为无理性的、不幸的人的制度时所依据的谬误是什么；我们也为另一种制度提供了不可动摇的基础。这一制度不包含那种谬误，当它被人们充分地理解并实行之后，一定会训练人们"按照己所不欲、勿施于人的原则行动和思考"。现在我们要进一步解释这种**没有谬误的制度**，也可以说是**没有神秘的制度**。既然儿童们整个说来可以经过培养而具有任何一种性格，他们的性格又应当由谁来培养呢？

任何社会的成员所遭遇的苦难或幸福的性质和程度，取决于该社会各成员所形成的性格。

这样说来，培养各个国民的性格便是每一个国家的最高利益所在，因之也就是它的首要任务。如果任何一种性格，从最愚昧、最可悲的到最合乎理性、最幸福的性格都可以形成，那么采取能形成后一种性格并防止前一种性格的办法，便值得每一个国家最郑重地加以采纳。

　　从这里可以得出结论说,每一个要求治国有方的国家应该把主要注意力放在培养性格方面。因此,治理得最好的国家必然具有最优良的国家教育制度。

　　在胜任的主管人的指导下,可以制定一种国家教育制度,使它成为最安全、最简易、最有效和最经济的政府工具,并且使它具备足够的力量去完成最宏伟和最有利的目标。

　　然而,只有通过教导,才能使世界上的人认识到他们目前的不合理的状态。在进行这种教导以前就推行上述国家教育制度,那便是行之过早的做法。

　　但是,不列颠政府可以稳妥地为贫苦而未受教育的人采取一种国家教育制度的时候已经来到了。单是这项措施,如果计划得好、执行得好,就足以实现最重大的有益的变革。

　　必须事先指出的是:为了形成一个教育良好、团结一致和生活幸福的民族,这种国家制度在联合王国境内就必须是全国一致通行的;它必须以和平和理智的精神为基础。此外,我们也绝不能有排斥帝国境内任何一个儿童的思想,理由是不言而喻的。

　　最近有人提出了若干全国性的贫民教育方案。但是这些方案并不适于实现国家教育制度所应完成的全部目标。

　　对于草拟和支持这些方案的人,我们的感想同任何对这几篇论文所阐释的原理早就有了深刻印象的人必然会有的感想一样。我们希望能使他们为社会所做的努力尽量广泛地造福社会。但要用来完成一桩伟大和重要的公众义务,他们想出来的计划却只能看成仿佛是上古时代拟订和发表的计划。

以上所说的是牧师贝尔博士[①]、约瑟夫·兰开斯特先生[②]和惠特布雷德先生的计划。

贝尔博士和兰开斯特先生的教授贫民读、写、算的体系,证明以前的训练儿童的**方式**中存在着极端愚昧的情形,因为这些新教学体系仅仅在教导方式上对以前的教导法有所改进。

兰开斯特先生的计划中关于房屋的安排和其他许多细节,在某些方面比贝尔博士的计划更适于教授上述初级课程。可是后者所提出的某些细节也是非常好的、很值得采纳的。

但是国家教育的要义是使年青一代养成有助于个人与国家的未来幸福的观念与习惯;要做到这一点,唯一的办法是把他们教导成为有理性的人。

一个普通的观察者也定能看清楚,不论是用贝尔博士的体系还是用兰开斯特先生的体系,都可以教会儿童读书、写字、算算术、缝衣服,然而又使他们养成最坏的习惯,使他们的思想永远不合理性。

---

① 安德鲁·贝尔(1753—1832年),英国牧师,曾在印度任随军牧师,1789年在马德拉斯任孤儿院院长。由于师资缺乏,不得已采用学生互相教学制,获得了显著成效。回伦敦后发表小册子解释互相教学制,但未受人注意。后来约瑟夫·兰开斯特根据他的原理改良他的体系,获得成功,并得到非国教教徒的大力支持。于是国教会也支持贝尔,成立"全国普及贫民国教育协会",由贝尔任主席并兴办学校。在这一过程中,贝尔派与兰开斯特派发生冲突。欧文在下文中所说破坏兰开斯特教学体系指的就是这一冲突。——译者

② 约瑟夫·兰开斯特(1778—1838年),英国教育家,教友会教徒,曾根据贝尔的互相教学制原理兴办贫民学校获得成功,受到贝德福公爵、惠特布雷德和其他许多人的注意。在他所兴办的学校里,招收信仰基督教的各种教派的学生。这就使他与国教会发生冲突。1818年他去美国,曾在美国和加拿大兴办学校,后死于纽约。——译者

　　读书和写字仅仅是传授正确的或错误的知识的手段，我们教儿童读书写字时，如果不同时教他们怎样正确地运用这些手段，它们比较起来就没有什么价值。

　　如果我们把儿童周围的人和事物充分地、明白地解释给他们听，并教导他们作正确的推理，学会怎样辨明普遍真理和谬误，那么即使他们不识一个字、不会算一笔账，他们所受的教育也比那些被迫**相信**、其推理能力又被极端荒谬地称为学问的那种东西所破坏或摧毁的人要强得多。

　　大家都会立即承认：教导儿童的方式是很重要的，是值得人们近来这样重视的；那些发现或采用改良方法，促进人们获得知识的人是造福同胞的大恩人。然而教导的**方式**是一回事，**教导本身**又是另一回事，二者之间不啻天壤之别。**最坏的**方式可以用来进行**最好的**教导，**最好的**方式也可以用来进行**最坏的**教导。如果用数字来表明二者的真正价值的话，教导的方式可以比作"一"，而教导的内容则可以比作"百万"：前者只是方法，后者则是方法所要达到的目的。

　　这样说来，全国贫民教育制度如果应当采取最好的**方式**，那就无疑地更应当采用最好的**内容**了。

　　我们要让贫民受到合理实用的教育，否则也不要单单教导他们意识到自己沦落的程度，借以嘲弄他们的愚昧、贫困和苦难。因此，为受苦受难的人着想，要么就是继续让贫民（如果你们现在能够这样做）尽量像野兽一样处在最为卑贱的无知状态中，要么就是立即下决心使他们成为有理性的人、成为有用的国民。

　　如果我们能够丢开民族偏见，考察一下我们引以自豪的某些贫民教育新体系中的教学内容，我们就会发现这些内容几乎是糟糕透顶的。如要证实这个说法，我们只需走进任何一个所谓国民小学，请老师让我们了解一下孩子们的学习成绩就行了。老师把孩子们叫了出来，向他们提出一些连学识最渊博的人也无法作出合理答复的神学问题；但是孩子们随口就把原先所学到的话答了出来，因为这种似是而非的学习所要求于学生的只是死背硬记而已。

在这种情形下，如果一个学生对各种观念进行比较的天赋能力，也就是推理能力被摧毁得最快，而同时他却有记性，能记住互相矛盾、毫不连贯的东西，那么，这个学生就是所谓全班头一名学生。在这种情形下，本来应当用来进行有益的教导的时间，实际上就有四分之三是用来摧毁儿童智力的了。

对那些习惯于仔细观察不列颠帝国各阶级和各教派中老老小小各种人的面容的人来说，看一看这些学校中可怜的儿童的面容确实是一件虽然令人伤感然而是很有启发性的事；孩子们的面容显然说明，他们的脑筋由于受到用意善良但是极端错误的教育而受到了损伤。

这是一个重大的教训，因为这是在以往无数事例之外新增加的一个显著的事例，它说明儿童很容易经过教育而接受任何一个教派的观念，从而养成任何习惯，不论它们怎样违反他们的真正幸福。

那些被人训练得真正从良心出发相信目前困惑世人的教派谬见的人，看到我们这样大胆地把他们所学的那一套信条的弱点揭露出来，最初会觉得极不愉快并感到可怕，而揭露谬见所根据的证据愈是彰明昭著、愈是无法反驳，这种感觉也就愈加深刻、愈难忍受。

　　然而如果让他们开始平心静气地想一想这些问题，研究一下自己和周围的人的看法，他们就会意识到前辈用以教育他们的种种荒谬和矛盾的思想。这时他们就会对长期以来欺骗自己的谬见感到憎恶，并且怀着无法抑制的热诚，要尽一切力量来消除使人类遭受这么多苦难的原因。

　　以上所谈的一定足以公正地说明这些新教学体系的教导方式与内容的真相了。

　　把人们认为适合儿童学习的东西教给儿童时，教师的教学方式已经由于牧师贝尔博士和兰开斯特先生的创议而有了改良（我们不难断言，这种改良不久就会得到很多补充和修正），可是他们各自的教学体系帮助人们把谬误铭刻在幼儿与儿童的易于接受教育的头脑之中，这些谬误则是从那愚昧无知助长一切荒谬事物的时代里流传下来的。

　　惠特布雷德先生的贫民教育计划显然是一位热心而颇具才能的人想出来的。但是由于早年所受教育的错误，他的思想却是杂乱无章的。这一点在他的计划里以及他把计划提交给下院时所发表的讲演里，表现得最为明显。

　　这篇讲演清楚地说明了从小在培养惠特布雷德先生的那种教学体系中训练出来的人可望提出的举办贫民教育的一切理由。

　　惠特布雷德先生的计划则说明他所接受的那些原理的荒谬性，并且说明他对贫民的习惯和感情，以及能使贫民成为对自己和对社会都有用的人的唯一有效的培育方法，都缺乏实际知识。

如果惠特布雷德先生不是像几乎所有的两院议员那样一向受到缺乏理性根据的，使他们对于人性无法获得广泛的实际知识的种种虚妄理论的熏陶，他就不会把一个全国性的贫民教育计划单单提交给牧师、教会执事和教区监督去领导和执行，因为他的计划看来一定是违反这些人的眼前利益的。

他一定会首先拟订一个计划，使牧师、教会执事和教区监督看到，惠特布雷德先生希望由他们来监督执行的那个教学体系如果通过他们的合作得到实现是显然符合他们自己的利益的；这个计划还使他们事先受到训练，能胜任愉快地监督执行一般说来他们现在还没有条件去监督执行的事。因为，按照这些人以往所受的教育来说，他们一定是缺乏成功地管理教学工作所必需的实际知识的，所以如果试图实行惠特布雷德先生的计划，就会在整个王国内造成一片混乱。

我们只要注意这一问题就会看到，任何教派如果由于提出了冠冕堂皇和神秘莫测的教义（最善良和最正直的人对这些教义也会持有不同的看法）而要求独占特权，不把以往和现在都符合于人民群众自己的信条的教义教给他们，而要对他们宣讲另外符合该教派信条的教义，这样做，无论在过去还是在将来都是不符合这个教派的利益的；我们还会看到，目前甚至一部分最有学问、最为明智的国教徒实际上都对根据正确的政治原理拟订的低级阶层教育计划感到害怕。国教徒之中存在着这种害怕的心情是理所当然的，因为受到他们那种培育和处在他们那种环境之中的人，绝大多数必然会怀有这种心情。这样说来，不论是哪一类人有什么必要去激起公众对他们的愤慨呢？他们的行为和他们的动机，跟那些指责和反对国教谬见的人是同样正确，因而是同样善良的。让我们永远记住，有权力宣传教义的机构如果用来教导不掺杂矛盾与冲突的、不言而喻的真理，是可以变成真正有价值的机构的。

国教会的首脑人物及其追随者预见到，全国贫民教育制度如果不由国教中人直接支配和管理，就会迅速而彻底地摧毁他们自己的以及其他每一个教会的谬见。这种远见说明他们的眼光比主张兼容并包的教派高明。国教首脑们明智地看出，理性和矛盾是不能长期并存的；其中的一方必然会推翻另一方而占统治地位。他们亲眼看到了理性在稳步前进，最近的进展还很迅速。他们也知道，理性的日益壮大的力量是再也不能长久抗拒的。现在他们看到这一场斗争已经输定了，所以他们企图破坏兰开斯特教学体系的这一徒劳的尝试便是他们阻挠正向四面八方广泛发展的知识得到传播的最后一次努力了。

他们把牧师贝尔博士的向贫民的儿童传授英国国教全部信条的体系建立起来，这不过是想把自己一直感到害怕的变愚昧为理性、变苦难为幸福的时期稍微推迟一下而已。

然而办不到的事我们就别做，那是徒劳无益的；当国教会还坚持其体系中有缺点和有害的部分时，我们就无法引导它真心诚意地采取违反其表面利益的行动。

这几篇论文所主张的原理绝不容许我们对任何一类人使用任何欺骗办法；这些原理只许我们在实践中采取无限诚恳和坦率的办法。这些原理不会造成任何不符合人类幸福的情感；它们所传授的知识会使人们看清楚，唯有把大人强制小孩接受的教育中一切虚伪和欺诈的成分铲除无遗之后才能获得人类的幸福。

因此，让我们根据这一精神向国教会公开宣告，全国性兼容并包的贫民教育计划将无可置疑地肃清各种体系中所存在的一切谬见。在这一计划完全奠定之后，任何违反事实的信条都不能长久维持下去。

这种兼容并包的贫民教育制度已经推行，而且已经在支持者的心中生了根，甚至连计划的草议人也无法再加以控制了。它将很快地得到显著的改进，以致迅速地加快步伐后，它将巩固地建立起理性和幸福的统治。

既然看到和认识到这一点，我们就要同样明白地告诉国教会——提醒它注意自己的实际情况——热诚地帮助教会人士平静地消除那些造成国教的弱点和危险的国教体系中的矛盾；使国教体系中只留下能够胜利地抵御外来攻击的理性原理——更确切些说，只留下能够胜利地防止人们试图进行任何攻击，甚至防止人们去考虑进行任何攻击的理性原理。

这样一来，各方面明哲审慎之士便不想破坏这种全国性的机构，而要竭尽全力来使机构的各个部分十分协调、十分合理，以致每一个善意的人都会热情主动地予以支持。

这是因为要在我们帝国境内实现任何实质上的改良而不伤及社会上任何一部分人的话，第一个重大的步骤就是要使国教会看到：以诚恳合作的态度来推动一切计划中的改良，显然是，而且肯定是符合它的利益的。国教会一经建立在真实的、恢弘的、纯朴的宽宏原理之上，全国国民的一切可贵的品质不久就会得到提高。用和平方式可以轻而易举、万无一失地实现这种变革。如果各方面明辨稳重之士现在不予协助，那么每一个心平气和的观察者都可以看清：目前不必要地遭受苦难的人为了获取实际上可能获取的幸福而进行斗争，这已是不能长期推迟的事了。因此，预先考虑并指导这种感情，便是真正明智的持政之道。

对于善于思考并关心时局的人来说，当前的时代确是极其引人注意的时代。现在显然正在发生一种极为重大的变革，然而人们由于教育不良，也许还几乎没有察觉到这种变革。因此，不列颠议会必须采取有很好根据的、及时而又果断的措施来指导这种变革，使国家摆脱现存制度的错误。

这样说来，每一个有理性的人，每一个真正爱人类的人便一定会希望，不列颠帝国的政府、议会、国教会和人民能真诚合作，团结一致，为自己和全世界未来的幸福奠定广阔而巩固的基础。

同胞们，不要说这件事是做不到的；因为采取明确的方法使人养成合乎理性的性格以后，我们的前面就会出现一条康庄大道；循着这条大道走去，就不但可能，而且肯定会把这件事情做成。同时人们也会发现，这条道路是人类迄今走过的道路中最安全和最愉快的一条道路。它直接通往智慧和真正的知识，并将使人看到古代希腊、罗马人以及其他古代文明民族引以自豪的成就只不过说明了人类幼稚的智慧何等软弱无力而已。走上这条道路的人将发现它是一条笔直和明确的道路，谁也没有迷失正道的危险。同时它也不是一条狭窄的或排斥他人的道路；它不容许排斥任何人：肤色不同和思想分歧的人都能在这条道路上通行无阻。它对全人类都是开放的，而且也十分宽广，纵使世界人口增加一千倍也能全部容纳。

我们很清楚，那些除了愚蠢和矛盾之外从小没有被人灌输过其他东西的，因此一直在充斥着愚昧、谬见和排外思想的黑暗迷津中彷徨的人，听到我们现在的公开宣言，一定会认为它是一种幻想。

但是如果有关这个问题的一切已知事实都证明：从人类诞生之日起直到现在为止，年老的一代总是教育了年青的一代，使后者具有现在所具有的情感和习惯，而且目前这一代以及今后每一代都将以同样的方式教导其后代，那么，我们便有坚定不移的信心说：将要发生的事比已经预告或许诺的事还要多得多。这些原理是从永不变更的自然规律中推论出来的，是一视同仁地向全体人类说明了的。当人们一旦愿意在世界上公开确立这些原理之后，我们就想不出还会有什么障碍可以阻止人们为实现一切明智和正义的目标而热情诚恳地团结合作——不仅一国的同胞之间如此，而且彼此间的仇恨已经发展到极度愚蠢可悲的地步，有时甚至发展到十分疯狂的地步的那些王国和帝国的统治者之间也是如此。

同胞们，以上所说的便是公开承认这些简单明了和不可抗拒的真理之后，必将得到的某些重大的后果，但这不过是略举一二而已。事实将证明以上所说的不是嘲弄人的、不兑现的诺言，而是能够迅速有效地在全人类中建立起和平、友爱和永存不息的慈善精神的。

公开承认并普遍实行这些原理就是人类自诞生之日起一直在寻求的无价的秘诀；它将产生的效益，目前还没有人能够预料。

现在让我们说明这些原理怎样才能立即以最有利的方式普遍实行。

前面已经说过，"具有最优良的教育制度的国家，便是治理得最好的国家";如果这几篇论文的推论所根据的原理是正确的,那么这种看法便也是正确的。然而,直到目前为止,不列颠政府对于千百万未受教育的贫民竟没有任何国家教育制度!!(后代人会相信过去有这种事情吗?)不列颠人民的思想和习惯的培养问题,现在是任其自流,往往是落在帝国中最不胜任的人的手中;结果是目前到处都充满了严重的愚昧和纠纷!!

(甚至最近所做的一些尝试都是根据一种狭隘的原理进行的,这种原理使人沦为凭体力迅速活动的无理性的军事机器。)

这种愚蠢的事情不能再继续下去了。我们应当立即为劳动阶级安排一种国家教育制度。只要计划得宜,这种制度可以给我们带来从未实现过的最有价值的改良。

为此,我们应当通过一项联合王国全体贫民与劳动阶级教育法案。

这一法案应当规定:

第一,指派适当人员掌管政府这一新设部门;该部门终将证明为最重要的政府部门,所以受命领导这一部门的人应当是德高望重、才具过人的人。

第二,建立讲习所;凡属行将培育王国下一代臣民的身心的人,都应当在讲习所里学好教学法与教学内容。

这是而且也应当被认为是帝国境内实际上最受信托和信任的职位,因为只要这种任务完成很好,政府就一定容易接近人民,当政者也会感到十分满意。

目前我们王国之内还没有任何人受到训练,能根据全人类的利益与幸福来教育年青的一代。教育下一代是最最重大的问题,因为我们给这个问题以应有的考虑之后就可以看出，年轻人的教育必然是社会的上层建筑赖以建立的唯一基础。如果这种教育还像以往一样任其自流，而且往往由社会上最不胜任的人掌管，那么社会就一定要继续遭受由于这种幼稚无能的做法而目前仍然在遭受的无穷苦难。反过来说，年青一代的教育如果规划得好、执行得好，那么国家往后所做的事情就没有一桩能有重大的危害性了。这是因为年青一代的教育的确可以说是一种创造奇迹的力量，是值得议会给予无比深切的注意的；它可以轻而易举地把人训练成害人害己的恶魔，也可以训练成无限仁慈的造福者。

第三，在联合王国内遍设讲习所；地点方便，并有足够的规模，可以容纳一切需要学习的人。

第四，给讲习所供应必需的开办费和维持费。

第五，订立计划；计划中的教学方式同各种现行的以及可能拟制的教学法充分比较后，应表明为最优良的教学方式。

第六，给各讲习所指派适当的教师。

最后，讲习所中关于身心两方面的教材应在实质上有利于个人和国家，因为这是或者应当是建立国立讲习所的唯一理由。

为了制造人类手中空前强大的谋求幸福的工具，以上就是必不可缺的各项规定的大纲。

针对目前公众的思想状况，最后还要提出一项全国性的改进措施，即通过另一项法案，以便经常搜集有关联合王国内劳动的价值与劳动的需求的精确情报。在采取本文将要提出的为那些一时找不到工作的人安排劳动的措施之前，有必要取得这种情报。

这--法案应当规定：

第一，收集各郡或郡以下地区的精确的劳动状况季度报告。报告由教会人士、治安推事或其他更为称职的人编制。报告应包含以下各项：

一、在报告期间该地区的体力劳动的平均价格。

二、各地区依靠日常劳动或教区救济为生的人数，以及在报告期间失业但能劳动的人数。

三、报告期间半失业的人数，以及半失业的范围。

以外还要规定搜集一种报告，说明各人以往的一般工作，并对各人今后仍然能做的工作的性质与数量作出最有根据的推测。

人们对于政府这一十分必要的部门缺乏应有的考虑，使得数以千计的同胞陷于悲惨的境地，同时也使帝国的岁入蒙受巨大的损失。

我们已经说过（因为这一点很容易证明），各国的岁入全是直接或间接地来自人的劳动。不列颠政府尽管有它的错误，仍然不失为历来规划得最好和最为开明的政府之一；但是这个政府不必要地大量浪费人的劳动，而且是在财政极端困难、需要全国每一个人作出最大努力的时候浪费人的劳动。

这种人的劳动的浪费对任何人来说都是极不公道的：不但对国家来说是一种失策，而且对身受其害的人来说也是极其残酷的。

把从古到今一直支配着人类的一些基本谬误所造成的各种恶果的详细情况全部查明是异常困难的，世界上的人也没有充分准备来接受这种说明。因此，我们现在只把其中某些最直接和最明显的恶果概略地说一说，它们都是同各国政府忽视失业者和贫民的劳动被误用或被闲置这一问题有关的。

前面已经说明，任何国家的当政者都能轻而易举地、所费无几地使国民养成正当的情感和最优良的习惯；政府如果不去进行这项工作，就是始终忽视它的重大责任和利益所在。现在不列颠就有这种忽视的情形。当政者非但不作任何努力来为帝国臣民取得这些难以估价的利益，反而定要心甘情愿地让一些势必造成非常有害于国家和个人福利的情感和习惯的法律继续存在。

这种法律有许多通过其必然产生的效果，明确无疑地向无人保护和未受教育的人说：**"保持愚昧吧，让你们的劳动受愚昧的支配吧；因为当你们依靠这种劳动便能维持生活的时候，尽管你们生活在赤贫、疾病和苦难之中，我们总不会为了你们或你们的任何活动操心。但当你们不能再找到工作或谋得生活所需时，就到教区去请求救济吧，那时你们就会无所事事地得到供养。"**

在我国体力劳动现在是有价值的，也可以说我们永远都能使体力劳动具有价值，然而甚至在我们这种国家里也有千千万万名男人、妇女和儿童一天又一天地在愚昧和闲散中受人供养。凡是对人性有所认识的人都不会认为，长期在愚昧和闲散中受到供养的男人、妇女和儿童能不养成犯罪的习惯。

（为一百万臣民提供正当职业而不去维持这一百万人的愚昧、闲散和罪恶的生活，这样做估计对政府财政究竟有多大裨益——算一算这笔账也许是很有趣的，对政府来说也许是很有用的。

像这样就业的一百万人，在贤明的政府的指导下，每人每年为国家挣得十镑，或者说总共每年挣得一千万镑，这是否说得过分呢？每人每星期挣钱不到四先令，每年就可以得到一千万镑。而且联合王国任何一部分人，包括老老小小不能劳动的人在内，都能在适当的安排下平均每人每星期为国家挣钱四先令以上，此外还能产生一系列数不尽的更有利的后果。）

那么联合王国为什么还有闲散的贫民存在呢？唯一的原因是这么大一部分人一向被容许在完全愚昧无知的状况下长大成人，而且当人们教育他们或者很容易教育他们愿意从事劳动的时候，却没有为他们安排有用和生产性的工作。

在明智而正当的法律和培育下，所有的人都很容易获得一种知识和习惯，从而能够（只要他们得到许可）生产出远远超过生活与享受所需的产品。所以世界上土壤肥沃的地区的任何居民都可以经过教育而过富裕幸福的生活，不受邪恶和苦难的挫折。

不过，马尔萨斯①先生有一种说法是正确的，即世界上的人口总是使自己适应为维持其生存而生产出来的食物量。但是他没有告诉我们，同一块土地由聪明而勤劳的人民耕种时比由愚昧而管教不良的人民耕种时能多生产多少食物。这种差别也许是无限与一之比。

这是因为人类的生产食物的能力是无限的。我国各岛这种生产力近来增长得何等多啊！然而我们在这方面的知识还很幼稚。可是，即使是我们这种生产食物的能力和布须曼②以及其他野蛮

---

① 托马斯·罗伯特·马尔萨斯(1766—1834年)是英国牧师，资产阶级经济学家。马尔萨斯在其极为反动的《人口论》一书(1798年)中提出："人口，在无所妨碍时，以几何级数率增加。生活资料，只以算术级数率增长。"他认为人类社会的一切贫困罪恶是一种永恒的自然现象；要避免劳动者的贫困，唯有使他们的人口减少。欧文驳斥了马尔萨斯的谬论。——译者

② 南部非洲的一种土著居民，现居住在博茨瓦纳和纳米尼亚。由于受到殖民者的迫害和排挤，他们大部分人至今仍过着集体游猎和采集生活。——译者

人比起来，或许也还是一千与一之比。

人类的食物也可以算是由一些元素组成的化合物。化学每天都在增加我们关于这些元素的性质和结合情况以及如何控制它们的知识。现在人类还无法断言这种知识会发展成什么样子，或者最终会达到什么境地。

还可以指出的是，海洋也是个无穷无尽的食物来源。所以我们可以有把握地说，世界人口还可以听其自然地增长好几千年，而在那种根据我们所主张的原理建立起来的政府制度下，全人类都可以继续过着富裕幸福的生活，没有任何苦难或邪恶的行为来阻碍他们享受这种生活；在这些原理的指导下正确地利用人的劳动，就可以绰绰有余地使全世界人民得到人生的最高享受。

那么，当人的劳动可以很容易地用来消除苦难时，我们难道还要继续让苦难在社会上占优势、继续让人的劳动无比荒谬地使用掉或浪费掉吗？

每一个具有足够体力的男人、妇女和儿童的劳动都可以用来为公众造福。以往一直支配着世界的种种制度是极端荒谬和愚蠢的。关于这方面的最有力的证明莫过于这一事实，即富裕、积极和有力量的人竟默然同意维持愚昧无知的人过着闲散和罪恶的生活，而不想办法把他们培养成勤劳、聪明和可贵的社会成员，尽管顺利地实现这种变革的方法始终是在他们的掌握之中！

我们并不打算建议不列颠政府现在就直接雇用全部劳动人民。恰恰相反，我们有把握预计，一种全国性的贫民与低级阶层的教育制度将产生卓著的效果，以致除非劳动的需求骤减，从而贬低劳动的价值之外，贫民与低级阶层不久就可以找到足以维持生活的工作。

为了防止由于劳动的需求与价值发生这种不利的波动而造成罪恶与苦难，真心诚意地关心国民生活的每一个政府的首要职责应该是不断地安排对国家真正有用的职业，使申请各种职业的人马上可以受雇。

为了使申请这种国家安排的工作的人只限于从私人方面得不到工作的人，为公家劳动所得的工资一般说来应当比工作所在地区的为私人劳动所得的平均工资定得低一点。这种工资参照郡或地区的平均工资季度报告是很容易加以确定的。

如果执行得当，这一措施对劳动价值所起的作用就可以相当于偿债基金对证券交易所所起的作用。同时，由于公家劳动的价格绝不能低于劳动者的节俭生活所需的费用，这里提出的计划将永远有助于防止国家对社会上生活最无保障的那一部分人过分地进行有害的压榨。

国家安排的工作的最明显的、首先是最好的来源也许是兴建和养护道路。在整个王国内，这种工作是永远都会有的。把公共道路养护得远远高过目前任何一条道路的水平，将是真正符合国家经济原则的做法。如有必要，往后还可以安排运河、港口、船坞、造船以及海军器材等方面的工作。然而我们认为，这些方面的工作并不需要许多。

如果我们能够坚持不懈地专心去做（其实任何有益的事都要我们坚持不懈地专心去做才能完成），这里提出的把国家临时安排职业定为王国制度的计划初看起来将要遇到的困难就会很快地全部克服。

在对劳动力需求极为有限的时期，看到勤劳的人由于得不到正规的工作和往日的工资而困苦不堪，这的确是令人感到辛酸的。在这些时期中，他们向各种各样体力劳动的管理人提出无数请求，希望得到任何可以维持生活的工作。提出这种请求的人，为了寻求工作，往往从岛国的这一头奔到另一头！

这些流浪者力图使自己在一般人的心目中成为有用和正直的人时，他们的家属或是随着一起走，或是留在家里；不论是哪种情形，在生活奢华和无忧无虑的人看来，这些人天生竟能忍受他们一般所经历的贫困和痛苦，是难以置信的事。

然而，像这样到处奔波、忧心忡忡地努力寻求工作以后，申请者往往是空手而归。他们费尽九牛二虎之力也无法维持诚实与独立的生活。他们也许和旁人一样有心向善，能从事伟大和慈善的事业。然而他们除了忍饥挨饿、申请教区救济、从而忍受极大的屈辱以外，只能依靠自己的本领，采取所谓不正当的办法为自己和家人谋得面包。

某些处在这种环境中的人生来十分敏感谨慎，不愿采取上述两种方法中的任何一种来维持生计，结果便是真正地忍饥挨饿了。然而这种人并不很多（但愿如此）。至于由于衣、食、住的条件太差，不敷生活所需而失去健康的人，以及由于半饥不饱的生活而疾病缠身、不得终其天年的人，则肯定是很多的。

其中最愚蠢而又最没有出息的人，就去申请教区救济；不久，他们就不想工作，成为永远仰赖他人赡养的人并意识到自己在社会上的屈辱地位。从此以后，他们就拖儿带女地始终成为国家的负担和严重的祸害。至于这一阶级中还有体力和脑力，还保留着一些推理能力的人，便或多或少地看出了社会对待他们以及遭受同样苦难的人是极其错误和不公道的。

以上所说的感情会驱使人的本性力图报复，这难道还有什么可奇怪的吗？

我们有千千万万个同胞受到这种思想和环境的驱使，以致纵有死刑始终紧紧追随，几乎不能侥幸逃脱，也要反抗他们深受其苦的那些法律。一批私自劫夺社会的人就是这样产生并成长起来的。

前面已经说明，我们的同胞很容易被培养成勤勉、聪明、高尚和可贵的国民，难道我们还要继续不让他们受到国家的教育吗？

诚然，这几篇论文所提出的一切措施，只是针对现行制度中的错误的一种折中的办法。但是由于这些错误现在几乎普遍地存在，并且只能用理智的力量加以克服，同时由于理智在实现最最有益的目标时是渐进的、是逐步地证实一个又一个的重要真理的，所以能够全面而细致地考虑问题的人就可以清楚地看出，唯有采用这类折中办法才有理由希望在实践中获得成功。采用折中办法能把真理与谬误一起提到公众的面前；只要真理与谬误同时清楚地出现在公众的面前，真理必将取得最后的胜利。

最为贤哲的人既然看清楚了现行制度中的许多矛盾，要使公众接受这几篇论文已经部分地作了解释的一些重大的真理，看来就容易做到了。我们满怀信心地预计，人们不再由于愚昧无知而使旁人不必要地遭受苦难的时期不久就会到来，因为人民大众会受到教化而明白过来，会清楚地看出，这样做必然会给自己造成苦难。

（一旦公众思想上有了准备，可以接受这一制度之后，我们将充分地解释实施这个制度的细节。）

这是因为根据世界上现存的事实而得到的广博知识使那些还未丧尽其推理能力的人清楚地看到这一情况，即人人都坚决相信，除开自己以外，所有其他的人在基本原理方面都大大地受了欺骗。同时，人人都极其惊讶，因为世界各民族竟把十分矛盾的东西当成宗教或政治上的真理。大多数人现在也能了解：这种错误的看法是千百万人出自良心的坚定信念；这些人刚生下来的时候，具有和他们一样的天赋的才能。他们在旁人身上清楚地看出了令人难以置信的智力失常现象，然而纵使在这种情形下，他们却被人教得相信自己不可能像旁人那样受骗。幼儿的心里极容易留下这种印象，不论这种印象将要造成最愚昧的还是最开明的制度的信徒。

因此，全世界的人都充分地意识到自己那个教派（他们所受的教育使他们相信这是得天独厚的教派）以外的一切培育人的体系中所包含的种种矛盾。可是世界上最大的教派的人数和其余一切教派的总人数比起来却是很少的，而其余的教派也都受到教育，认为这个大教派的观念是极端错误的，完全是由于前辈的愚昧或欺骗而产生的。

人类由于重重的精神上的束缚一直处在黑暗和苦难之中。目前，在撤除最后一层精神上的束缚之前，需要做的只是平静和耐心地进行说理，使公众安下心来，以便防止不这样做就可能在过于突然地出现充分享受合理的思想自由这一前景时产生的那些恶果。

为了解除最后一层束缚而不致发生危险，必须适宜地运用理智来启发每一个教派的人（因为所有的人都或多或少地受了欺骗）

想一想,如果千千万万数不清的跟他们一样地被人教育出来的人都像他们所相信的那样,完全受了欺骗,那么天下又有什么力量能防止**他们自己**同样地受骗呢?

十分希望沿着平坦而又简单的理性道路前进的人这样思索之后,不久就会明白:他们在**本教派范围以外**所看到的各教派的矛盾,正和其他各教派在**这一范围以内**很容易见到的矛盾一样。

但是我们不要认为,像这样大胆而公开地把灌输给当代人的种种严重错误揭露出来的做法会立即适合世人的口味,作这种估计是违反常理的。

然而祸害的成因还未消除时,祸害就会存在,人们就不能合乎理性,当然也不能幸福。在这种情况下,作者就像极其关怀病人利益的医生一样,用这种难吃的解药时一直只用自己认为足以解毒的最小剂量。现在他等待着服药后的结果。

如果药力还不足以消除心理病态,他保证要加大剂量,直到公众的心理巩固地、永久地获得健康为止。

1816年元旦在新拉纳克性格陶冶馆
开幕典礼上的致辞

献　给
不为达到私人目的的人，
为了改良社会状况而忠诚地
追求真理的人，
以及
坚定地追随真理，
赴汤蹈火，在所不辞，
不因为人类任何部分的
成见或偏见而
背离真理的人。

今天我们在这儿聚会一堂，是为了参加本馆的开幕典礼，我想向大家说明一下建立这个馆的目的。

这些目的都是非常重要的。

第一个目的关系到本村全体居民的切身利益和安乐。

第二个目的关系到邻人的福利和利益。

第三个目的关系到不列颠帝国全境的广泛改良。

最后一个目的关系到全世界各国的逐步改善。

现在让我简短地说明一下本馆将怎样为产生这些效果而尽力。

早在我到各位当中来住以前,我主要研究的就是社会各阶级不断遭受的麻烦和痛苦的程度、原因及其补救办法。

人类的历史告诉我,历代都曾有人进行过无数尝试,想消除这些弊害。同时经验又使我相信,目前这一代由于接触以往流传下来的知识而受到启发,也在如饥如渴地追求同一目标。我的思想在很早的时期就采取了同一方向,同时也热烈地希望能追源溯本地研究一下牵涉到每一个人的幸福的问题。

不久我就发现,唯一能认识这个问题的途径被人忽视了,人们所追求的道路正好是相反的一条。在迫使人们采取这条相反道路的原因存在时,要想得到任何成果都只是缘木求鱼。经验也证明他们的努力是怎样地徒劳无功。

在这种探讨中,人们一直是凭着自己的想像力进行的,而经验——能够引导我们对任何问题获得真正认识的唯一指南——却几乎被抛到九霄云外了。他们在最重要的生活问题上,都是为想像中的单纯幻觉所支配,恰好与现存的事实背道而驰。

我确定不移地肯定了这个根本的错误,并耐心而冷静地观察了使这一祸害世代相传、毫不间断地继续流传下来的原因,从而追溯出这个错误给人类造成的愚昧和痛苦。同时,我也成熟地考虑了要克服哪些障碍才能为人们的思想提出一个新方向。这就引导我决定把一生贡献给解除人类的这种思想病态及其一切痛苦的事业。

　　我看得十分清楚,这一祸害是很普遍的。实际上,谁也没有走上正确的道路,一个也没有。为了消除祸害,必须采取另一条道路。人们必须整个地按照同他们以往的培育完全相反的基本原则加以改造。总之,所有的人的头脑都应当新生,他们的知识和实践都必须在一个新的基础上开始。

　　我坚信目前的教育方式是无用的,现存的施政方式也有许多错误,所以我就确信这两者都不能达到我们所要求的目标。相反,它们都只能被人用来破坏人类的圣哲和贤君所提出的一切目标。

　　当我按照这个问题的重要性耐心地加以考虑以后,发现如果光是一个又一个地提出方案,而不采取决定性的步骤使人类处于可以实现这些方案的环境下,那么不论这些方案在理论上怎样高超,也只是浪费时间。因此,我就决定为准备接受真理而作出安排。人们认识这些真理以后,就可以消除一切现存的政治和宗教体系的错误和流弊。

　　我们在这儿宣布要试办的事情规模是十分巨大的,请各位不要因此而吃惊。将来每兴起一种变革都会确立一种实在而持久的、不附带任何反面流弊的利益。人们根据旧制度所形成的思想也不能再造成障碍,使我即将向各位提出的真理在前进中受阻。在一个短时期内,愚昧将螳臂当车地来对抗这些真理,但事后就会发现这只能加速这些真理的确立。一旦理解了这些真理的全部意义,人们便都不得不点头承认,并且不得不看到它们给自己以及每个同胞所带来的实际利益。因为在这种制度下,没有一个人会受到损害,没有任何人会这样。我认识到自己可能起一些作用,把一个实际的制度介绍到社会中来,而这制度完全建成以后**又会世世**

代代给每一个人带来幸福；这是一种令我感到高兴的想法，令我感到兴奋的回忆，对于我坚定地追求自己的目的来说是一个鼓舞的力量，其作用不是——非但不是，而且远非——一切名利与称颂所能比拟的。我向大家宣布，这是我兴建这个馆的唯一动机，同时也是我一切行动的唯一动机。

我认为如果要在社会上实行任何有长远利益的改革，**起而行**比**坐而言**重要得多。我在这个岛国的南部，在有限的范围内试验过这种新原理的实效，其结果超出了我最乐观的预期。于是我就迫切想要取得一个更大的行动范围。我看中了新拉纳克，因为这儿具有许多有利于我达到目的的地区条件，而且这个企业已经归我掌管。在座的诸位当中，可能有许多人还记得，这事发生在十六个多年头以前。十六年的行动并不是一个短暂的时期，结果是引起了广泛的改变。各位都亲眼见到了我从经理这个企业起一直到现在所做的一切。我要问问大家，有没有一个人发现我有任何**一项**措施不是明显而肯定地为了全体居民的福利呢？诸位如果公开提出答复，或向我个人提出答复，我都非常欢迎。但是我确信各位现在都已相信我的一切措施都是为了全体居民的福利。你们也知道曾经阻拦我前进的某些障碍，但你们所知道的还不到其中的十分之一。好在这些障碍同我所预期的以及准备迎接的比起来，终归是很少的。同时我相信这也是我应当克服的。

当初我来检查你们所处的环境时，我认为它和其他工业区非常相似，只有儿童宿舍①不同。这里面收容着从国家的公共慈善

---

① 参见本书第 29 页。——译者

机关接收过来的儿童。企业的这一部分安排得非常出色。这有力地说明了创立这些工厂和这个村子的真正好人，受人尊敬的已故的格拉斯哥人戴维·戴尔先生具有何等真诚而广博的慈爱。他对你们大家的希望和意向就像慈父对孩子一样。你们都知道他和他的人格，并且一定是刻骨铭心地怀念着他。当他为这个企业奠下第一块基石的时候，不可能想到自己创办了这样一种事业：非但改善他苦难深重的同胞的境遇的事业要从这里开端，而且谋取幸福的方法也要从这里发展到全世界各个国家中去。

　　刚才已经说过，我原先发现这儿的居民和其他工业区的很相似。情形是这样：除了少数例外，大都生活在贫困、罪恶和苦难之中。而且正和大多数人开初的情形一样，对于任何可能提出的改革都怀有极深的成见。要是根据历来人事管理的指导原则采取一般处理方式，我就会对犯罪者加以惩罚，而且也将对每一个反对为了他本身的利益而进行改革的人感到深恶痛绝。但新的制度所根据的原理却导致了完全不同的管理法。这些原理说明，当人们陷于贫困之中时，当他们犯罪或采取自戕而又伤害他人的行为时，当他们处于悲惨境地时，这些可悲的结果都必然有重大的原因。我们非但不能因为自己的同胞过着这种悲惨的生活而惩罚他们或迁怒于他们；相反，我们应当同情和怜恤他们，并耐心地找出产生弊病的原因。我们还要努力弄清这些原因是否能够消除。

　　这正是我所采取的道路。我并不特意要惩罚任何犯罪的人，对于你们违反自己利益的行为也不感到气愤。我表面上虽然严峻而坚决，但绝不是因为对某一个人生气而采取这种态度。我平心静气地考察了使你们受折磨的祸害的根源。直接的原因很快就弄清了。间接的原因或原因的原因也不会长期地瞒过我去。

那时我发现产生你们这些苦难的主要原因是你们被纵容学得的许多恶习,例如欺诈、偷盗、酗酒、交易不公平、对别人的意见缺乏宽宏精神,以及你们在培育中所接受的错误看法——例如觉得自己的宗教见解优越,认为自己的宗教见解准能比人数多得不可比拟的其他民族所深信的任何宗教见解带来更多的幸福等等。我还发现这些原因只是其他原因的结果,而那些其他原因则全都可以追溯到我们祖先的愚昧状态上去,直到今天我们还继续处在这种状态中。

但是从今天起,必然会有一个变革出现,必然会开始一个新的时代。在整个地球上,人类的智慧自古以来就被最粗野的愚昧和迷信蒙蔽了,现在必然会从这种黑暗的状态中解放出来。今后对于人与人之间的分裂和不团结的种子,也不会再给予滋润的养料了。因为现在已经到了这样一个时候,可以有方法来教诲世界上处于各种气候之下、肤色各异和习惯完全不同的一切民族,让大家都获得一种知识。这种知识将驱使他们不但爱人,而且相互之间在全部行为中都将毫无例外地具有一种积极的仁慈。我说的不是毫无意义的空话,而是我自己的体会——这是我二十多年来在对周围事物进行冷静的、不带感情成分的考察和比较以后才得出来的。不管人们怎样不愿意放弃早年被灌输的偏见,我都保证能证明我所说过的和所要说的一切的正确性,使世人感到完全满意。不仅如此,我对于自己将要建立的制度所根据的原理的正确性是深信不疑的,所以我毫不犹疑地从内心出发肯定它们的力量将使所有的人都说:"这个制度肯定是正确的,因而特别可以指望它实现《福音书》中那些无价的诫命——在人间实现博爱、诚敬与和平。以往我们一定是受到了错误的培育。我们向这个制度欢呼，把它当成'将刀打成犁头、把枪打成镰刀'[①]的时代的先声。那时博爱和遍及全体的仁慈将盛行不衰，而且将只有一个国家和一种语言，人们害怕匮乏和任何祸害的现象都将不再存在。"

你们以往虽然不知道，但我却在始终一贯地根据这种制度行动，我所注意的始终是在我能提供办法的范围内消除在你们之间不断产生苦难的直接原因。这些原因如果任其存留的话，就将一直到今天都继续产生痛苦。因此，我把引诱你们进行欺诈、偷盗、酗酒和养成其他有害习惯的最突出的因素除去。这一切你们之中有许多人当初都是习以为常的。我用其他的因素代替了这些因素，目的是要用它们来培养更好的外表习惯，而且也的确养成了更好的外表习惯。我所以说更好的**外表**习惯，是因为迄今为止，我所做的一切都只打算应用在这些外表习惯上的事情而已。目前所完成的一切，我认为还只具有预备的性质。

这个馆的各部门完成以后，我们打算要它产生永久性的有益效果。我们将不再采取暂时的办法来纠正你们某些最突出的外在的坏习惯，而是要使全体村民的**内在**和**外在**性格彻底而全面地得到改进。本馆就是为了这一目的而计划建立的；为的是提供设施，把你们的孩子在幼龄时代、几乎在一会走路以后就接过来。通过这种方法，你们中间的许多人，也就是家庭主妇们，就可以给孩子们赚得更多的生活费，而且可以少替他们操心；也可以防止孩子们

---

① 见《旧约全书·以赛亚书》，第 2 章，第 4 节。——译者

沾染任何恶习,并逐步准备好养成他们的最好的习惯。

一楼中间那一间房,将拨给孩子们使用。他们在这间屋子里的主要活动是在气候恶劣的季节里游戏和娱乐。在其他的时候则可让他们占用房子前面那块圈起来的场地。要使孩子们有强壮的身体,就必须尽量使他们待在室外。他们长大以后,就可以送到左右两边的房间里去,正规地教给他们一般课程的初步知识。在六岁以前,他们将在这些课程方面得到优良的教诲。

这两个阶段可以称为预备班第一级和第二级。当你们的孩子念完这两级以后,就可以到这儿来①(这儿还准备辟作礼拜堂),加上隔壁的房间,就可以做读书、写字、算算术、缝纫和编织的一般课室。根据将要实行的计划,孩子到十岁时,在这一切课程中就可达到相当程度了。在十岁以前,任何孩子都不许进工厂。

为了孩子们的健康和心灵,无论男孩或女孩,都将学习舞蹈。男孩将受军事训练。声音悦耳的男孩和女孩将学唱歌,具有音乐欣赏力的男孩则将学习演奏某种乐器。我们打算让他们在本企业地区条件允许的范围内尽量得到丰富多彩的纯正娱乐。

气候恶劣时,一楼的东西两边房间在一天的某一段时间里也可以拨给正规授课时间内在二楼这两间屋子里上课的孩子去休息和运动。

冬天的时候,我们将这样来使用本馆。夏天,我们打算让教师

---

① 指作者在那里讲话的房间。"性格陶冶馆"为一座二层楼房。一楼分为三间,大小相似。二楼分为两间:一间长约九十英尺,三面有走廊,一面有讲坛;另一间长约四十英尺,一面有边座。两间各宽约四十英尺,高约二十英尺。1816年元旦,欧文在二楼较大的一间致开幕词,听众约一千二百人。——译者

经常领着孩子们到邻近地区和周围的乡村去走走,使他们能亲身体验一下自然的和人为的业绩,取得知识。

年纪太轻、不能上工厂的孩子白天在这里上课完毕以后,我们就要打扫房间,打开窗子流通空气。在冬天还要点上灯、生上火,使各方面都变得舒适,以便迎接其他各方面的居民。那时,二楼的房间将由白天参加工作,晚上希望进一步提高阅读、写作、算术、缝纫、编织能力或学习任何其他有用技术的男女青少年们占用。为了教导他们,业经指定的适当男女教师,每天晚上将给他们上课两小时。

一楼的三个房间,冬天也将好好地点上灯,烧得暖暖地,为成年居民开放。我们将为他们提供一切必要的设施,使他们能阅读、写作、算账、缝纫,或者娱乐、聊天或走动走动。但是我们将强制施行严格的制度并强制注意团体内每一个成员的幸福直到大家都养成了一类习惯,使任何形式上的限制都成为不必要的时候为止,而所采取的措施很快就可以使限制成为不必要。

每星期将有两个晚上用于音乐和舞蹈。但在这两个时间里,还是为那些愿意学习或进行任何其他五个晚上的活动的人准备了一切条件。

有一个房间有时还将用来对年纪较大的居民进行有益的教导。朋友们,请相信我吧,你们直到现在还十分缺乏有关怎样采取最妥善的方式来培育孩子或安排家务的知识。同时关于怎样处世待人、使大家的幸福比以往大大提高所必需的经世之术也很不足。把正确的事物教给大家并不困难。你们本身的利益就将在这方面产生充分的推动力。但是真正和唯一的困难在于克服那些有害的习惯和情感。历来就有各种各样的原因结合起来把这些习惯和情感深深地印在大家的身心之上,使你们以为这和自己的本性是不可分离的。但不久就可以向大家证明,你们和所有其他的人在这方面和其他许多方面都是错误的。可是听了我的话之后,绝不要认为我是有意要干涉大家的个人判断的自由或宗教信仰的自由,我没有丝毫干涉的意思。我绝不会这样,你们在这两方面一直都没有受到限制。有关方面已经采取了最有效的措施,保证大家享受这些最宝贵的特权。我在这里公开宣布:"谁首先限制个人判断和宗教见解,谁就是倡导伪君子作风的人,同时也是人类在历代所经受的无数祸害的来源。"当我提出这一声明时,我希望每一个同胞都能听到并留下一定的印象。然而个人判断和真正的宗教信仰自由的权利直到现在在任何地方都没有人享受过。世界上任何民族都没有这种自由,所以才产生了不必要的愚昧状况和无限的苦难。这种权利在产生意见的原则没有被普遍认识和承认以前是不会为人享有的。

我一生的主要目的就是使大家普遍具有这种认识,从而使个人判断权普遍实现;并且要说明确立了这种权利以后就可以给人类带来无穷的利益。实现这一重要目标就是将要建立的制度中的一部分工作,而且是很重要的一部分工作。

往下我要说明本馆将怎样为我们的邻区的福利和利益而服务。

大家都会立即同意,一群居民如果养成节制、勤劳和严谨的正常习惯,并且根据唯一能把真诚的宽宏精神注入人们心灵中的认识、对于全人类的一切见解怀有真诚的宽宏精神,同时也受到培育,真心诚意地愿意竭尽所能并且毫无例外地为每一个同胞谋福利,那么甚至单单是他们的模范作用,就必然会使他们那一地区的福利和利益大大地有所增进。如果要充分知道这一点究竟有多大意义,大家不妨设想有两千到三千人养成了放荡的习惯,并让他们处在粗野的无知状态中。在这种情形下,邻区的平静、安宁、舒适和幸福的生活能有多少不被破坏! 但我所做的和打算做的一切,没有一件不是在我的活动所能及的范围内为同胞谋福利的。我要使所有的人同样受到益处。但由于环境的关系,目前我对公共福利所采取的措施还只能限于一个很小的范围。我必须从某一点出发。由于一些特殊情形凑在一起,我把这个企业当做了出发点。因此,最先出现的最大利益便将集中在这里。但为了符合上述原则,我一直打算这样做:由于这个馆建成以后所能容纳的儿童将多于本村人的子女,所以拉纳克或附近地区如果有任何人,只要提出自己的愿望,就可听凭他的意思把孩子送到这儿来。他们在这儿将和本企业中的儿童受到相同的照管。社会上认为最坏的人和最好的人的子女,在这儿将受到完全一视同仁的待遇。我确实更愿意接受最坏的人的子女,只要他们在小时候送来就行。因为他们确实需要我们给以更多的照顾和同情。把这些孩子教育好比把那些父母正在为之培养较好习惯的孩子照管好,对社会的益处要大得多。现在正在准备并将全部实现的制度,是要彻底改变我们对这些悲惨可怜的人的一切行为和情感。以往人们都错误地把他们称为坏人、恶人和毫无可取的人。如果对于人性具有更开朗而深刻的认识,我们就会看清:从严格的公平观点来看,把上述各词加在旁人头上的人不仅最为愚蠢,而且比被他们称为社会渣滓的人给社会直接造成了更多的苦难。因此,正确地说,**他们**就是最恶毒、最不可取的人。这些人要不是从小就完全受到欺骗和蒙蔽,便一定会意识到由于自己的本意善良然而又极其错误的行为,他们在很长一个时期内使同胞遭受了枝蔓难除的祸害。但我们必须把遮住他们眼睛的黑幕撕掉,同时还要使他们对那种错误的行为感到触目惊心,使他们从此避之唯恐不及地抛弃这些错误。的确,他们甚而会避之唯恐不及地把从小被人灌输的、奉为无价之宝的观念完全抛掉。

往下所说的,我希望大家聚精会神地注意听。我要向大家说明你们的同胞身上所谓的邪恶的起因和挽救的办法。当我们一步步往下说明的时候,你们非但不会发生愤恨的情绪,从而采取惩处的手段,反而会不得不怜悯他们、同情他们的境遇,甚至还会爱他们。你们将认识到直到今天他们一直受着不公平、不仁慈和残酷不堪的待遇。朋友们,现在的确是时候了,我们,以至于全人类,在这方面的行为必须一反以往的情形。这一真理,对诸位中间很多人来说,可能是,并且必然是新奇的,但当我往下解说的时候,就会使大家完全信服。

以往我们同胞身上所谓的邪恶,是由两种不同原因中的一种产生的,也可能是由这两种原因以某种方式结合起来产生的。他们之所以被称为坏人或恶人的原因如下:

第一,生来就具有一种能力或癖性,使他们在一定的情况下比旁人更容易犯一般所谓的邪恶行为。

第二,由于出身或其他情形,他们生活在特别地区;从小就受到父母、游伴和其他人的影响;处于必然会逐渐地使他们养成所谓坏习惯和邪恶感情的环境下。

第三，由于以上两种原因的特殊结合而变坏了。

现在让我们来分别讨论一下，看看其中有没有任何一个原因是来自个人身上的，究竟哪一个原因是这样。我们当然也要讨论其中究竟有哪一种原因使他们在同胞们面前应当受到被称为恶人的人一直遭受的待遇。

我相信诸位还没有由于我们祖先的无知而变得完全不清醒，以致认为那些贫苦无告和不懂事理的孩子会自己形成自身的一切，或者会琢育成自己身心两方面的任何能力或品质。但不论人家怎样教给你们，每一个幼龄儿童身心两方面的一切能力和品质，都是来自他完全不能控制的力量和因素。这是一个事实。

那么，他是不是应当受到不仁慈的待遇呢？他长大成人以后，是不是他所不能控制的力量使他在母胎中形成了和别人不同的能力与品质，因而要受到失去自由或丧失生命的惩罚呢？幼龄儿童有没有任何办法决定他的父母、游伴或形成他们的习惯与性情的人应当是谁或哪一类人呢？他有没有力量决定自己究竟应当出生在基督教世界范围之内，还是出生在必然会使他变成摩西、孔子、穆罕默德的信徒，大偶像贾干纳的崇拜者，或野蛮人和吃人生番的地方呢？

朋友们，这些无法抗拒的主要条件如果甚至没有一种能由幼龄儿童作任何控制，那么，说得上具有一点点理智的人有没有一个会主张在这种条件下形成和在这种环境下生长的人应当受到惩罚，或在任何方面受到不仁慈的待遇呢？当人们在某种程度上解除了自己长期的心理病态，并用健全的判断代替紊乱而无意义的想像以后，人类就会异口同声地说："不应当！"如果相反的看法竟然还占上风，他们就会感到吃惊。

如果有人要问，这些邪恶的事情和苦难究竟是从哪里来的？我就要答道：**完全是由于我们祖先的无知而产生的！** 朋友们，人类所遭受的一切苦难的唯一原因，以往一直就是，而且现在仍然是这种无知状态。正是这恶魔统治了世界，并在各民族间播下了仇恨和分裂的种子。它在宗教信仰方面树立了荒唐透顶和不可理解的观念，从而粗暴地欺骗了人类。它通过这些观念牢牢地在人类所有的推理能力上加了一道封条。这些观念引起了无数的邪恶情欲，使所有的人无比愚蠢地不但彼此成了仇敌，而且成了自己幸福的敌人！当我们祖先的这种无知不论以任何名义继续折磨这个世界的时候，我们要是想像自己能实际上变得善良、聪明而幸福，那便真正是发疯了。

的确，这些无意义的观念实在太荒唐了，要不是它们产生了实际的毒害，便不值得认真驳斥。它们要不是不分异教徒、犹太教徒、基督教徒和伊斯兰教徒，把人们的推理能力从小就摧毁掉，使他们完全不能从不断唤醒他们注意的无数事实中得出公正的结论，便也用不着任何驳斥。我们从历史上难道没有认识到，历代的幼儿的语言、习惯和情感都是由周围的人灌输给他们的吗？我们难道不知道他们没有任何办法使自己有力量获得其他任何东西吗？我们难道不知道每一代人的行为和思想都和以前各代相同，**只是在作为经验来源的周围事件迫使它们产生变化时才有所改变吗**？最重要的是，现在在世的每一个人只要肯动动脑筋，就满可以根据他的经历看出自己对于宗教信仰和信念是无力支配的，就像自己无力支配风一样,这一点我们难道没有认识到吗? 不仅如此,我们难道不知道,他的资质形成的方式、他的宗教信仰或信念在任何情形下都是由他所不能控制的原因赋予的吗?

朋友们,经验使这些结论明若白昼,那么,我们为什么不马上根据这一切认识行动呢? 我们既然已经发现了自己的错误,为什么还要使我们的同胞遭受这些荒唐观念所产生的祸害呢? 这些观念给人类带来过一点好处吗? 自古以来,它们难道没有产生世界各国人民所遭到的一切可以想像得到的祸害吗? 现在难道不仍然在继续产生吗? 是的,阻碍人们树立宽宏和博爱精神的就是这些东西。妨碍人们发现走向幸福的唯一真正途径的也正是这些东西。一旦克服了这些障碍,纷争不和的原因便可从我们中间消除了。那时就可以轻而易举地把整个人类培育成一心一德,竭尽所能来为整体谋福利。总之,当这些严重的谬见消除以后,我们的一切邪恶情欲就会随之消失,对他人不满或发怒的原因将不复存在。人们所想像的千年王国①就将开始,博爱将蔚然成风。

如果在这一地区中建立一种实际的制度,它能逐渐消除愤怒、仇恨、纷争和一切邪恶情欲的原因,并代之以博大兼容的宽宏精神、贯彻始终的仁慈态度、纯真无伪的爱人之德等真实的道义准绳和自强不息的志向,这种志向是立意要尽一切力量为全体人类谋福利,不论他们有什么样的情感和习惯,不论他们是异教徒、犹太教徒、基督教徒还是伊斯兰教徒,完全无分轩轾,这难道对于本地

---

① 指基督教圣经所载预言:耶稣将再来人间统治一千年。参见《新约全书·启示录》,第20章,第1—5节。——译者

区的福利和利益没有好处吗？任何制度如果做不到这点，便只能是愚昧这一恶魔所建立的。这恶魔的确像一头到处游荡吃人、张牙舞爪的狮子。

现在让我们谈谈问题的第三部分。这一部分要说明本馆的目的之一是在不列颠帝国领域内实行广泛的改良。达到这个目的的途径有二：

第一，以足够广泛的规模向工厂主提供一个实例，说明用什么方式可以大大改善他们所雇用的工人的性格和境况，而工厂主则非但可以不受损失，并且可以得到巨大的实惠。

第二，通过这个实例使不列颠议会制定法律，以便让我国全体居民都能得到类似的利益。

适当的立法措施可能带来的好处有多大，目前人们都还没有条件充分地认识到。我所谓的立法措施，并不是指任何党派规章。我所指的是这样一些法律，它们能减少并且最后防止各劳动阶级现在所遭受的最大祸害；防止大多数同胞在工业体系下被人数少得多的一部分人压迫的现象；防止我国一半以上的居民再受完全愚昧无知的教育；防止他们宝贵的劳动用于最有害的方面；防止这一部分可贵的人口经常被自己没有受到教育来加以抵抗的引诱所包围，这些引诱会驱使他们做出对自己和社会最为有害的行为。这些措施所根据的原理一旦被人们公平而诚恳地理解之后，接受起来就不困难了。每一个社会成员实际能从这里得到的好处，将超过任何不精通政治经济学的人的一切预料。

以上几点是我个人相信本馆能给我们受苦受难的同胞取得的一些改良。

　　但是，朋友们，如果以往所做的、现在正在做的和将来要在这儿做的一切，只是为这个新村、为本地区以及我们的国家带来我们所没有列举完全的好处，那我就大大地感到失望了。因为我有一个殷切的希望，要一视同仁地使全人类都得到好处。我不知道有任何区别存在。政治和宗教的派别或党派，在任何地方都是层出不穷地产生分裂和麻烦的渊薮。因此，我的目的便在于消除社会上一切党派的萌芽。我同样不承认国与国之间任何幻想的界线所带来的一切区分。一座山、一条河、一个海洋、一种肤色，或者是气候、习惯与情感上的区别，能不能提供一条经得起受过良好教育的儿童追问的理由，说明为什么要根据这些教导一部分人鄙视、仇视和消灭另一部分人呢？任何可以称为明智的人难道会说它们能提供这样的理由吗？极端的无知所造成的这些荒唐后果难道永无终了的日子吗？我们难道还要保存并鼓励这些必然会使人与人之间相互为敌的错误继续存在下去吗？这些措施是不是一定能促使《圣经》上所预言的狮子和羔羊同卧、普遍实现持久和平的时期到来呢？——这种和平是以从小就灌输在每一个人的气质中的真诚善意为基础的，这种善意则是唯一能建立普遍幸福的基石。不过，我个人是信心百倍地期待着这样一个时期的来临。只要采取适当的措施，它的来临的日期是不会很远了。

　　人们对于"千年王国"这个词怎么看法，我不知道。但我所知道的是，社会的结构将可以使生活中没有罪恶和贫困，健康将大大地增进，痛苦，如果有的话，为数也极少，智慧和幸福将成百倍地增长。现在除了愚昧以外，没有任何障碍在阻挡着这种社会状态普遍实现。

　　我非常清楚,公开宣布这些话对于帝国居民中各种不同的宗教、政治、学术、商业以及其他集团中人士将产生哪些不同的印象。我知道这些话将通过哪种具体的偏见呈现于各类人物的脑海中。但是要了解它们,其他一切人所要透过的云障都不会像学术界人士所要透过的那样厚,因为这些人曾受一种教育,以为传授知识的书籍只有他们能看。事实上他们却只是在无休无止的错误的迷津里漫游,把自己的精力都浪费掉了。他们完全不懂人性是什么。脑子里装满了理论,但对于在实践中哪些东西能实现、哪些不能实现却一无所知。他们的脑筋确实是装满了字眼,随时都可以用来吓唬不识字和没有经验的人。但是对于那些有机会了解他们的学识底细、看穿他们的教育程度和知识限度的人来说,这种骗局就土崩瓦解了,并且他们全部表面学识的基础的虚伪空洞马上就会暴露无遗。总之,除了少数例外,他们那种深刻的观察都只限于字面。人家灌输给他们以及他们往后的全部教育所根据的原理都是错误的,所以他们就不可能得出正确的结论。学术界人士一直都从体现着人类情感和行为的个人身上寻找人类情感和行为的原因,他们至今一直控制着世界舆论。人们就是根据这班人的奇思幻想对个人加以褒贬和惩罚的,结果,世界上便充满了这班人的变幻不定的荒唐念头,以及这些荒唐念头时时刻刻都在引起的苦难。我们的本性中有一条规律,即任何印象,不论怎样荒唐可笑,也不论怎样违反事实,要是从小就接受下来,便一辈子也忘不了;不然的话,人们就不可能从古至今一直没有发现他们所受的教诲中的那种天大的谬误。他们就不可能执迷不悟地使彼此遭受苦难,使世界充满了各种恐怖。绝不会这样!他们早就会发现自然、平易而简单的方法为他们自己和每一个人谋幸福。但是使早年的教诲难于被根除的人性规律虽然最后会证明对于人类大有益处,现在却只能使错误持续下去,使我们作不出正确的判断。因为目前世界上所有的人的情形都好像是一个从小眼睛就被绷带紧紧地蒙住的人,后来有人教他想像自己清楚地看见了周围每一件东西的颜色或式样。他自己也不断地为这一想法感到洋洋得意,因而强使自己对这种假想产生盲目的信念,以致对于任何使自己醒悟的企图都无动于衷。如果目前人类的状况就是这样,那么对于生活在这种幻觉中的人,我们怎样才能消除他们的幻觉呢?对于处在这种情况下的人,要用什么样的说服力才能使他们理解到自己的不幸,并向他们说明他们的生活环境黑暗到了什么程度呢?我们应当用什么样的语言、通过什么样的方式来进行这种尝试呢?在没有找出办法来解开绷带,从而有效地消除这种思想上盲目状态的原因以前,这种尝试是不是每一次都只会激发和加重病态呢?你们的头脑已经被绷带严严地裹住了,连一线光亮也透不进去,纵有天使下凡说明你们的处境,你们也不会相信,因为环境使你们不可能相信他。

我在早年时,由于一些自己不能支配的原因把蒙在我心灵视线上的绷带撕掉了。如果我能够发现同胞们所遭受的瞎眼症,追溯出他们离开自己所渴望找到的道路之后的行踪浪迹,同时又认识到不能过早地揭露他们的不幸,提出挽救办法的话,这绝不是我的功劳。我也不能由于自己已从这种不幸状况下解脱出来而自命不凡。但是,当我看到周围这些委实可怜的人,看到他们由于陷入这些道路上团团围住他们的危险和祸害而时刻遭受苦难的时候,我还能袖手旁观吗？当我看到同胞们像白痴一样朝着每一个想像得到的方向乱跑，唯独不向能找到他们所寻求的幸福的那个方向走时，我能泰然无动于衷吗？

不能！在母胎里形成我的那些原因以及我出生以来所遇到的完全不能自主的环境，使我养成了完全不同于上述情形的能力、习惯和情感。这就使我形成了一种思想——不想尽一切办法把同胞们从不幸的境遇中解救出来，誓不甘休；并使我的思想具有这样一种性质：最可怕的障碍只能增加我的勇气，使我产生坚定的决心，不克服这些障碍就以身殉业。

但我已经进行了这一尝试。在前进的道路上我遇到了种种困难。这些困难从远处看好像是令人生畏的，在旁人看来也好像是绝对不可克服的，但靠近时困难程度就减低了，直到最后我在有生之年就看到它们像清晨的行云一般消失了，只成为一个生气勃勃、欢腾愉快的日子的预报而已。

我曾经怀抱过的希望直到现在一个也没有落空。直到目前为止所发生的一切也远远超出了我最乐观的期望。将来的道路现在看起来是明晰而坦直的了。我已经不再需要单枪匹马地和默无声息地为你们和全人类谋求福利。现在已经到了这样一个时候：我可以号召许多人来协助自己，而且这个号召是不会落空的。我很清楚，如果过早和突然地把那些使社会处于黑暗中的重重蒙昧的绷带拆掉将会产生什么样的危险。因此多年以来，我一直是用一种不惹人注目的方式，轻轻地、渐渐地把蒙住社会上权要人物心目的致命绷带一层层地揭下。我拟定的制度的原理现在已为我国各党派和教派的某些领导人物所熟知，而且也为欧美两洲许多当政人物所了解。这些原理已经提到欧洲一些最著名的大学中去研究,并且已经受到在旧制度下成长起来的最有学问和最聪明的人的仔细研究。他们无力加以否定,因而使我感到非常满意。这些原理下面马上就要谈到。

现有的和历史上所记载的一切社会的组成和管理,都是以人们对下列观念的信念为基础的。这些观念被当成了**首要的原理**:

第一,每个人都有能力形成自己的性格。

这样便产生了一般所谓的宗教、法典和惩罚等各种不同的制度。同时也产生了人与人、国与国之间的仇恨。

第二,情感可以随个人支配。

这样就产生了不诚恳和堕落的性格,同时也产生了家庭生活的痛苦和人类一半以上的罪恶。

第三,必须使大部分人处于无知和贫困中,才能使其余的人保持他们现在所享受的幸福。

这样就产生了一套使人们在事业中互相冲突并使人们的个人利益普遍地相互对立的制度,这样一套制度的必然后果是愚昧、贫穷和邪恶。

但事实证明:

第一,性格普遍都是外力**为**个人形成的,而不是**由**个人自己形成的。

第二,可以让人类养成**任何**习惯和情感。

第三,情感**不能**由个人控制。

第四,只要有充分的土地可以耕种,对每个人都能够加以训练,使他所生产的东西远远超过他所能消费的东西。

第五，自然已经提供了条件，使人们可以永远维持适当的生活水平，使每个人都可以得到最大的幸福而不会受到邪恶和痛苦的任何阻挠。

第六，把上述原理加以适当的组合之后，任何社会便都可以安排得不仅能消除世界上的贫困和邪恶，在很大程度上消除痛苦，而且还能为**每个人**造成一种环境，使他所享受的幸福比迄今为止的社会指导原理所能给予**任何**人的幸福都要牢靠。

第七，作为以往社会的基础的基本原理都是错误的，而且可以证明它们和事实背道而驰。

第八，如果抛弃给世界带来苦难的错误原理而采取正确的原理，使人们看到一种可以消除并永远排斥这种苦难的制度，那么随之而来的改革在实现时就可以对任何人都不会有丝毫的损害。

以上所说的就是这种制度的基础——就是不久以后社会就将据以改组的一些材料。道理很简单，因为我们可以说明，每个人积极帮助社会逐渐在这一基础上进行改革，是符合自己眼前的和未来的利益的。我说要**逐渐地**，是因为这个词实在关系重大。任何突然和强制的举动纵使用来解除人类的痛苦，都会证明是害多利少的。周围的环境必须根本改变，使人们的思想逐渐对生活状况的任何重大改善和变革有所准备。首先必须使他们认识到自己是盲目的；要做到这一点就不能不使他们多少感到气愤，即使是最有理性或者被称为最优秀的人，就目前情况说来，也不例外。因此，在采取进一步的步骤以前，必须使他们的气愤平息下来，并且必须使人们普遍相信我们拟定的改革所根据的原理是正确的。这样，实现这些原理就比较容易了。当我们接近困难时，困难就会消失。

接着大家就会一心想望整个制度一下子实现,等不到想方设法来实行。

　　这种切实可行的制度所根据的原理并不是什么新东西。古代贤哲和现代作家常常把这些原理分别地或部分结合地提出来。但我还不知道曾有人像我这样把它们组合过。我们可以证明只有**全部实现**这些原理,才能造福人类。我相信,从人类历史上讲来,这些原理能够成功地实现,这还是破天荒第一次。

　　我也不愿意隐瞒大家,这种变革将是很大的。真可以说是"旧事已过,都变成新的了"①。

　　但这种变革和迄今所发生的任何一次革命都不相同。那些革命只能产生并引起一切仇恨和报复的邪恶情欲,但是我们现在所拟定的制度则将有效地根除人类一切愤怒和恶意的感情。执掌政教的人的全部办法都将改弦易辙。他们将不再穷年累月地空口教导人类应当想些什么和怎样行动,他们将要获得一种知识,使自己能在一个世代内设法愉快地引导受他们所管辖和教诲的每一个人不仅要以最有益于自身和所有其他人的方式来思想,而且要以这种方式行动。然而这种卓越的成果将不用惩罚和明显的暴力来取得。

　　在这种制度下,命令在发出以前就知道人们会不会服从。那儿没有人叫大家赞同自己不信服的教义和教条。没有人会告诉他们说,做某些自己不能自主的事就可以立功,而不做这些就会犯错误。也不会像现在这样,叫他们去爱自己天性所厌恶的东西。没

---

　　① 见《新约全书·哥林多后书》,第 5 章,第 17 节。——译者

有人会用荒唐而虚幻的概念去教育他们，以致不可避免地使他们轻视和憎恨自己狭窄的生活范围以外的全体人类，然后又要他们必须由衷地和诚恳地热爱全体人类。朋友们，行将深入每个人心中的制度所根据的原理和上面所提到的毫无共同之处，而是恰恰相反。它实际所产生的效果和历史所记载的以及我们在周围所见到的也完全不同，正如虚伪、仇恨、嫉妒、报复、战争、贫困、不公、压迫以及它们带来的一切痛苦和真正的宽宏大度与纯挚的仁爱迥然不同一样；这种宽宏与仁爱精神我们不断地听到，但从来没见过，而且在目前的制度下也不可能看到。

　　这种宽宏和仁爱精神不容许排斥任何人，而会普及到每一个人身上，不论他们受过什么教导和培育，同时也根本不管他们出生在哪一国、肤色怎样、习惯和情感如何。真正的宽宏和仁爱精神教导我们：一个人不论上述情形怎样，甚至同我们自己受灌输而认为正确的和最好的情形完全相反，我们对他的行动和情感还是不能因此而改变。因为当我们能够认识事物的真面貌时，就会发现这个人从小所受的培育同我们所经历的完全一样。人们也是见诸实效地教导他把自己的情感和行动看做是正确的，正如我们受到教导认为自己的情感和行动是正确的而别人的是不对的一样。唯一的差别只在于我们出生在一个国家，而他出生在另一个国家。这一点要是不精确，我们的一切前景便的确全完了。同时，激烈的竞争、贫困和罪恶也将永远继续下去。幸而我们现在有无数的事实可以消除每个人心中的疑虑。现在我们可以充分地说明一些原理，使目前在世界上造成迷惑和分裂的一切意见的根源很容易得到解释。找出根源以后，人类就可以肃清一切虚伪和有害的东西，并且可以防止以后可能残留的各种情感或情操所产生的任何恶果。

　　总之,朋友们,新制度所根据的原理将使人类在下一代纵使不能完全,也能几乎完全**防止**我们和我们的祖先所经历的不幸和苦难。我们对于人性将获得正确的知识,愚昧将被清除,愤恨的情绪将无法得势,宽宏和仁爱精神将普遍盛行,贫困将不复存在,每个人的利益将和世界上所有其他人的利益完全一致。人们的愿望和欲望将不会发生任何冲突。节制和纯朴的品行在社会的每一部分都将蔚然成风。少数人先天的缺陷将由于多数人对他们增加关怀和照顾而得到充分的补偿。谁也没有可抱怨的事,因为人人都将在不损及他人的情况下取得自己的康乐、福利和幸福所需的一切东西。二十五年多以来,我一直默不作声地在为这一制度的建立铺平道路。以上所说的一切将是实现这种制度以后的必然结果。

　　然而,在建立整个制度以前,还有更多的准备工作要做,而且必须把它做好。我并不打算在这儿实现这一制度。在我到你们这儿来以前,这个企业在旧制度的基础上办得太久了,除非只是在有限的范围内才能实行新制度。目前我打算在这儿进行的全部工作,是尽量在旧制度所能实现的程度上来推行新制度的许多好处。但是这些好处的种类和数量都绝不会少。我希望在不久的将来,甚至在现存的不利条件下,你们的劳动给予你们和你们的子女的实际利益比任何处于相似条件下的人在任何时候和任何地方所得到的都多。

　　这还不是新制度的全貌。当你们和你们的子女充分获得我给你们预备的一切时,就将养成高尚的习惯,你们的眼界将逐渐扩大,你们将能正确地判断我的活动的前因和后果,并作出应有的估价。那时你们就会希望在更美好的社会里生活;那里将有可靠的方法来防止任何有害的情欲、贫困、犯罪行为或苦难;那里每个人都将受到从以往最宝贵的经验中吸取到的智慧的教益,自己的身心活动能力将受到这种智慧的指导,这样就不会再有任何坏习惯和错误的看法了。在那个社会里,老人将受到关怀和尊敬,任何有害的区分都将避免;甚至连意见的分歧也不会产生混乱或任何不愉快的感情。在那种社会里,人们的健康、活力和智慧都将增进,他们的劳动将永远用于有利的方面,而且也将获得一切合理的享受。

在一定的时候,就将组成许多具有以上特点的公社。你们以及各个阶级和各教派中的人,只要坏习惯和愚蠢的看法没有严重到无法消除或不可救药的地步,只要思想还能充分地摆脱旧制度的有害影响来分享新制度的幸福,这种公社都将打开大门欢迎你们。

(关于这里所讲的公社,我还要发表文章作更具体的叙述。)

这篇讲演对你们很多人来说必然会显得很陌生。作出这篇讲演以后,我认为听到的人要么肯定全世界一直到今天都完全错了,而且现在还处在愚昧的深渊中,要么肯定我个人完全错了——二者必居其一。于是你们就会说,我错的可能性非常大。的确是这样。不过,任何能发现新东西的人犯错误的可能性都和我同样大。

为了实现我长期默默思索的目的,多年来我的行动一直和人类的一般习惯如此不同,或者更确切地说,完全对立,以致有不少人断言我疯了。这种猜测对我达到目的是有利的,我不想和他们争辩。但到底是世人疯了还是我疯了,这问题现在可以得出结论了。不是他们被弄得精神十分错乱就是我被弄成这样。十六年来你们一直在这里亲眼目睹我的行为和措施。我所推动的事物已经取得了这么大的进展，你们现在能够理解许多了。因此，你们将成为这个案子的决断者。所谓疯狂就是自相矛盾的表现。现在让我们根据这一原则来审定一下双方的情形吧。

从一开始，我就坚决地提出要改善你们的生活状况，改善从事同类职业的人的生活状况，最后还要改善我认为处境极为悲惨的人类的生活状况。现在请你们说说，根据你们所知道的情形来说，我难道没有采取适当的措施来达到这些目标吗？

我原先拟订了一个计划大纲，用以克服你们最坏的习惯、最大的麻烦和你们的成见，我难道没有冷静、坚定而耐心地充实这个大纲吗？计划的各部分完成以后，难道没有圆满地实现它们所针对的目标吗？目前你们难道没有从这些部分的计划中得到最实际的利益吗？我是不是有一点点地方损害了你们中间的一个人呢？在推行这些措施的时候，我难道没有遭到一些人最顽强和最可怕的反对吗？这些人如果了解他们自己的利益，就会成为我的积极的合作者。他们难道没有因为找不到任何彰明昭著的方法来反对这些活动而被击败，甚至连反对行动本身也都使我能加速地实现自己的愿望吗？总之，我岂不是能以一只手成功地指导着这个大企业的一般商务活动，另一只手指导着目的在于建立另一种制度的一些措施吗？现在看来，这些措施与其说是私人性的，不如说是全国性的；这种制度的成功和效果将使渊博的神学家和最有经验、最走运的政治家同样感到吃惊。这个制度把十二岁的儿童教育得在真正的知识和智慧方面超过了现代学术界、古代圣贤以及创立体系的人的最为自负的成就,这一切体系到如今只是使世界陷入紊乱,而且使我们现在感到悲痛的一切苦难几乎全都是直接由它们造成的,情形难道不是这样吗?

你们亲眼目睹了我的措施,因而只有你们才有资格评判这些措施是否表里如一、前后一贯。在这种情形下,如果我说我不知道你们的结论是什么,那我就太虚伪了。

在这段漫长的时间里,我一直这样为你们以及每一个同胞的利益默不作声地工作,然而世人的行为又是怎样的呢?

我根据历史所说明的情形对人们以往的行为作了成熟的考虑以后,为了达到自己的目标,现在必须对人们的现状具有实际的了解,并且通过观察,了解一下个人周围特有的环境对每一阶级的习惯和情感究竟有哪些影响。事先使我做好思想准备以便从事工作并在事业的早期使我克服许多可怕的困难的种种原因,现在为我顺利实现愿望铺平了道路。我根据自己在人性方面已经获得的知识,能够深入地窥探了构成不列颠帝国社会的各种教派中足够数量的人物的内心深处,发现了每个人的情感的直接成因,并找出这些情感在行为上必然会产生的后果。整个情况我都了如指掌。我现在是不是应当在这重大的转折点上使世界认识自己的面貌呢?还是应当让这种有价值的知识和我一起进入坟墓,而诸位和其他同胞以及我们的子孙则世世代代依然如故地遭受着全世界的人迄今一直遭受的苦难呢? 这些问题根本不必提出。我在早年就已经作出了决定,以后这些年则更加坚定了我的决心。因此,我在前进过程中不计较个人得失。我将为人们举起镜子,让他们在没有云障的情形下,看看自己**现在**的真面目,然后他们就可以更好地认识自己**可能变成**什么样子。人生来就有这样的秉性：只要从小采取适当的办法，并一直贯彻到成年，就可以教导他按照他所能接受的任何方式去思考和行动；不论人们像这样教导他的思想和行为是什么，都可以确实使他相信这些思想和行为对于全人类来说都是正确的、最好的。他还会受到这样的教诲，认为和他意见不同的人都是错误的，甚至如果不和他一样行动与思考就应当处以死刑，不论像他那样行动和思考的人多么少。总之，任何事情如果不以人们周围的事实为基础并丝毫不变地和这些事实相符合，人们就可以被弄得对这些事情神志不清。正是由于人的秉性有这种特点，在他出生后就可以将各种不同的已知教条中的任何一种灌输给他，使他完全不能和受到其他任何教条熏陶的任何同胞合作。正是由于这一原理，一个可怜的人如果正式入教，遵奉贾干纳的仪式，便会对于有关那个魔王的任何问题都变得神志不清。他如果受到伊斯兰教义的教诲，便会对于任何有关穆罕默德的事情都变得神志不清起来。我还要进一步说，用婆罗门教、儒家学说以及任何其他适足以摧毁人类智慧的体系的信条教育出来的可怜虫也是如此。

　　朋友们，我并不怀疑，你们现在是打心底里深信自己这一伙人当中没有一个人曾经受过任何这种熏染培植，深信自己受灌输的东西是正确的，这一点非常明显。异教徒、犹太教徒、土耳其的穆斯林等等，无数的人个个都错了，根本错了。不仅是这样，你们还会认为，他们确实像我所说的那样丧失了理性。但是你们会添上一句："我们是正确的，我们是天之骄子，我们是开明的，绝不可能受骗。"这是你们每个人目前都有的感觉。你们现在的思想情况我不必问就知道。我现在是要关心你们大家还是关心我自己呢？当大家都处在愚昧和痛苦之中时，我是不是能满足于和安于自己的命运所遇到的优裕的生活呢？我是不是应当抛却一切个人打算为你们和其他同胞谋福利呢？我应不应当告诉你们和整个文明世界：上面所说的那些人在许多方面谁也没有弄得比你们自己——比你们现在每一个人——更神志不清呢？我要不要指出，当这些病症没有治好以前，你们和你们的后代便只能生活在愚昧和苦难之中呢？

朋友们，你们认为到底是什么原因使你们有现在这种信仰和行为的呢？让我告诉你们吧。这完全只是因为你们生长在这个世界的这个时代，生长在欧洲，生长在大不列颠这个岛上，尤其是生长在它的北部地区。毫无疑问，你们当中的每一个人，只要是出生在任何其他时代和其他地方，就会同这个时代以及这个地方所造成的情形完全相反：你们自己也许丝毫没有可能表示同意或不同意，此刻就已经献身在大偶像贾干纳的车轮下面，或者正在为一次吃人的宴会准备牺牲品。只要想一想就可以认识到我说的这个真理正像你们现在听到我的声音一样确实。

那么，你们是不是不愿意对所有的人，甚至对你们想像中最坏的人的习惯和见解抱宽宏的态度呢？是不是不愿意诚挚地爱护他们并积极地为他们谋福利呢？是不是不愿意耐心地宽恕和同情他们的缺点和病态，并把他们当成自己的亲友来看待呢？

如果你们不愿意——如果你们不能这样做并坚持到底——那么你们就没有宽宏精神，你们就不能有宗教，甚至连普通的公道精神也没有；你们不认识自己，而且对于人性根本没有一点点有用和有价值的知识。

在你们按照这种方式行动以前,你们自己便不可能享受充分的幸福,同时也无法使旁人幸福。

这里面包含着哲学的精义,包含着正确的德行,包含着摆脱了穿凿附会的邪说谬见的纯正的基督教信仰——包含着一种纯洁无邪的宗教信仰。

如果不把这种知识完整而充分地付诸实践,社会就不可能在实质上实现巩固的改良。我可以向大家说明,在你们的一切思想和行动还没有以这些原则为基础和准绳的时候,你们的人生大道理就等于虚设;你们的道德也就没有基础,你们的基督教信仰便只能贻误和欺骗弱者和愚昧的人;你们宣誓信教便也只是敲锣打鼓地张扬一番而已。

因此,具有诚意、渴望为同胞谋福利的人,就会愿意作出最大的努力使这个公平和人道的行为原则的体系立即付诸实现,并使全世界每一个角落都知道这一体系的无穷利益。**因为没有任何其他行为原则可以普及人间!**

你们的时间有限,所以我现在必须作出结论,并说明我所说的这些话应当具有什么直接结果。

请你们认真地注意人们为什么会像他们那样行动和思考。这样你们就不会对旁人的情感和习惯感到奇怪和不快了。同时你们也会清楚地看出自己为什么使旁人不高兴,因而就会对他们表示同情。当你们继续这样探讨下去的时候,就会发现人类是无法用暴力或竞争获得进步和理性的。在另一种社会体系和社会组织实际证明本质上比我们生活所在的旧制度和旧体系优越以前,旧的就绝对必须加以维持。因此,你们现在仍然要把服从和尊重现存制度当成自己的责任。一所旧房子不论怎样破旧,新房子盖好后不论比旧房子好多少,但在它还不能住人的时候就搬出旧房子,绝不能算是聪明的表现。

你们要继续服从管辖你们的法律。其中虽然有许多是根据最愚蠢的原理制订的,可是你们仍然要服从,一直到我们的政府发现实际上可以废除那些产生祸害的法令并制定性质相反的法律时为止。我有理由相信现在我国当政者很愿意采取普遍改良的制度。

至于我个人,我并没有任何自己未曾长期体验的事情要求大家。我只希望你们想想我正在满怀热忱地为你们和你们的子女谋求福利,并通过你们和你们的子女为全人类谋求远大的利益。我并不要求大家表示感谢、爱戴或尊敬;因为这些不决定于你们。我也不追求或希望任何赞扬和声名,因为我非常明白我不配,因此它们对我来说便是毫无价值的。我的愿望只是把我当成你们中间的一员,当成每天上班的一个棉纺工人。

但是我对你们怀有其他的希望。一个新的时代今天在我们眼前展开了。那么,就让这个时代从你们诚恳而彻底地消除彼此之间或对其他人的一切不愉快的感情的时候开始吧。你们所受的教育和你们的环境都将使这些有害的情绪反复出现,当你们感到它们开始抬头的时候,就马上想一想这些人的思想是怎样形成的,他们的一切习惯和情感是从哪里产生的。这样你们的愤怒就平息下去了,而且会冷静地观察你们中间的差别的成因,你们将学会怎样爱他们和为他们谋福利。只要略微坚持实行这种单纯而容易养成的实际习惯,就可以很快地为你们和你们周围的每个人铺平道路,使大家真正地获得幸福。

论工业体系的影响[①]

(附关于改良其中最有害于健康
和道德的部分的建议)

三四十年以前,我国从事工商业与各行业的人,无论在帝国的
知识、财富、影响方面或帝国的人口方面,所占的比重都是微不足
道的。

在那个时期以前,不列颠基本上是个农业国。但从那个时期
起到现在,国内外贸易惊人地飞速发展,使得商业的重要性在像我
国这样一个具有政治势力和政治影响的国家中达到了空前未有的
高度。

(1811年根据人口法所作的统计说明,英格兰、苏格兰和威尔
士共有895,998户主要从事农业,1,129,049户主要从事工商业,
640,500人服役于陆军和海军,以及其他519,168户。可以看出,
从事工商业的人比从事农业的几乎多了一半。农业人口和总人口

---

① 本文于1815年写成并出版,扉页载有"敬献给英国议会"的字样。

1815年1月在格拉斯哥举行的一次工厂主会议上,欧文提出了改进纺织工厂的童
工和成年工人状况的措施,要求会议作为决议通过。欧文没有得到工厂主的支持。于
是他向政府和议会呼吁,并提出以这些措施为内容的一项立法草案,其中规定限制工作
日,禁止雇用十岁以下童工等。为了进行更广泛的宣传,欧文出版了这本小册子。——
译者

的比例大约是 1：3。）

这一改变主要是由于发明了一批使我国建立了棉纺织业的机器①，同时又由于美洲建立了植棉业。棉纺织业为了推动它日益扩大的活动，需要各种物资，这种需要几乎对以往建立的一切工业都提出了特大的要求，对于劳动力当然也是这样。各种各样花式新奇的和实用的棉织物很快就成了欧美人士喜爱的物品：这就造成不列颠对外贸易的迅速发展，使得国内外最有远见的政治家都为之瞠目结舌。

工业上这种现象的直接后果就是不列颠帝国的财富、工业、人口和政治影响都急剧增长。得到这方面的助力以后，帝国才能跟多半是世界上有史以来最可怕的**无视道德**和穷兵黩武的国家②争雄达二十五年之久。

这些重要的后果虽然的确是巨大的，但也随着带来了许多恶果，其规模之大，使人对前者是否超过后者产生了怀疑。

以往，立法者似乎只是从一种观点来看工业，也就是把它当成

---

① 詹姆斯·哈格里夫斯偶见其妻珍妮的纺车翻倒后机件的状况，从而设计改进纺车，于 1764 年制成效率成倍地提高了的纺纱机，并命名为珍妮纺纱机。约在同时，理查德·阿克赖特发明一部用马力驱动的纺纱机，之后改用水力驱动，因此他的发明称为"水力纺纱机"，或称"环锭精纺机"。1779 年，塞缪尔·克朗普顿采用上述二人发明的优点，建成走锭精纺机（原文名"Mule"——"骡子"，意指两种机器的混合物）。之后，埃德蒙·卡特赖特发明了动力传动的织布机。詹姆斯·瓦特于 1764 年发明蒸汽机，之后不断改进，使蒸汽机应用于工业各部门。以上英国人的发明对纺织业的发展起了巨大的推动作用。——译者

② 指法国。1789 年法国资产阶级革命爆发后，英国站在法国保王党的一边，反对法国革命和拿破仑政权。英国同法国交战，直到 1815 年拿破仑最后战败为止。——译者

国家财富的一种来源。

工业扩大后，**任其自然发展时**所产生的其他巨大后果，一直还没有引起任何立法当局的注意。但我们所谈到的政治和道德的后果，却很值得最伟大和最贤明的政治家竭尽心力地加以处理。

工业分布在全国各地，使居民产生了一种新的性格。作为这种性格的基础的原理十分不利于个人或一般的幸福，所以除非通过立法加以干涉和指导来遏止它的发展趋势，这种性格就将产生最可悲和最顽固的恶果。

工业体系对不列颠帝国的影响已经广泛到使人民群众的一般性格发生根本变化的程度。这种变化目前还在迅速发展中。不久以后，农民那种比较可喜的纯朴性格就将从我们当中完全消失。甚至现在就已经是几乎没有一个地方没有混入各行业和工商业所产生的习惯。

财富的获得以及由此而自然产生的继续增加财富的欲望，使许许多多的人对于本质上有害的、他们以往根本没有想到的奢侈品发生了爱好；同时也使人们产生一种强烈的癖性，迫使他们热衷于财富的积累，牺牲人性中最优良的感情。财富目前是从低级阶层的劳动中取得的。为了在积累财富的事业中取得成功，竭力排挤资格较老的对手的那些新竞争者，使低级阶层的辛勤劳动达到了真正受压迫的地步，使低级阶层在竞争风气日益加盛、发财致富日益困难，因而情况不断变化的时期处境十分悲惨，绝非在这些变化逐渐产生时期没有留心观察变化的人所能想像。所以低级阶层目前的处境比起工厂没有建立的时候，是悲惨和恶化得不能以道里计了，而现在他们的赤贫的生活却要指靠这些工厂繁荣昌盛才能维持。

为了供养由于这种劳动需求的增长而增加的人口,我国对外贸易就必须维持现有的规模,否则,在我国人民目前的情况下,这一部分增加的人口就会成为骇人的严重祸害。

可是我国的出口业非常可能已经到了饱和点,如果遇到其他具有和我们同等或更多的地区便利条件的国家出来竞争,它就会逐渐萎缩。

最近通过的谷物法①直接产生的效果将加速这种衰退,并会过早地摧毁这种贸易。这样看来,那个法案竟被通过而成为法律,是令人深感遗憾的。我相信努力促使议会通过谷物法的人不久就会认为绝对有必要把它废除,以便防止因为实行谷物法而必然给广大人民群众带来的苦难。

每一个国家的人民都是由国内现存的主要客观条件熏陶和培养起来的。不列颠低级阶层的人的性格现在主要是由各行业与工商业所造成的环境熏陶形成的,而各行业与工商业的指导原则则是直接的金钱利益,其他原则在很大程度上都向这一原则让步。现在所有的人都孜孜不倦地学会了贱买贵卖。要在这种生意经中取得成功,交易双方必须学会十分厉害的骗人本领。因此每一行业中都养成了一种精神,破坏了坦率、诚恳的本质,而没有这种本质,人们便无法使他人幸福,并且连自己也无法享受幸福。

不过严格地说,这种性格上的缺点不能归咎于具有这种性格

_____

①　1815 年英国开始实行谷物法,规定高额谷物进口税,借以限制或禁止从国外输入谷物。此项法律有利于大地主而不利于工业资产阶级,后者要求自由进口谷物。谷物法于 1846 年废除。——译者

的人,而应该归咎于他们受熏陶的那个体系所产生的无法抗拒的影响。

但是这种无限制地追求利润的原则,对于劳动阶级——被雇来在工业操作部门工作的人——的影响是更加可悲的,因为这些部门大部分对于成年人的健康和道德或多或少是不利的。然而做父母的人却毫不犹豫地牺牲自己孩子的福利,把他们送去就业。这些职业使他们的身心状况远远不如在一个有普通远见和人道主义精神的体系下可能和应当具有的状况。

距今不到三十年前,最贫穷的父母们认为他们的孩子十四岁开始正规劳动就够早的了。他们的看法很对,因为儿童在一生的那个时期由于在空旷地方游戏和运动已经给强壮的体质打下了基础。他们虽然没有个个都启蒙读书,却也学到了远为有用的有关家庭生活的知识。到十四岁时,这些知识当然都熟悉了,并且当他们长大成人、身为一家之主的时候,这些知识由于使他们知道怎样节省使用自己的收入,其价值超过他们在现存条件下获得的一半工资。

我们还应当记得,那时人们认为包括正常的休息和进餐的时间在内,每天十二小时工作就足以最大限度地利用了最强壮的成年人的全部工作能力。应当指出,那时候各地方的假日比现在王国大多数地方都多。

在那个时期,他们一般还受到某些地主的榜样的熏陶,而且所养成的习惯也互相有利;这样一来,连最下层的农民一般也被认为是体面人家出来的,而且可以算得是体面人家的一员。在这种环境下,低级阶层的人不但享受到相当程度的安乐,并且也常常有机会参加健康而合理的运动和娱乐。因此,他们对自己所依靠的人怀有深厚的感情。他们的工作是自愿完成的。双方由于互助而出自天性地、最亲密地结合在一起,认为对方是境遇稍有不同的朋友。仆人所享有的实际享受和安适,的确常常比主人还大。

我们不妨拿那时的情形同现在低级阶层的情况比一比,同目前在新工业体系下培养出来的人性比一比。

在工业区中,父母们通常不分冬夏,在清早六点就把自己七岁或八岁的子女送进工厂,那时当然往往是摸黑,有的时候还得冒着霜雪。工厂里温度很高,空气对人的身体远不是最有利的。所有的雇工往往在这种厂房里一直工作到中午十二点,这时有一小时的吃饭时间,接着又回去待在厂房里,大多数人一直要待到晚上八点。

现在儿童们发现自己必须不停地劳动才能挣得最起码的生活。他们没法经常享受天真、健康和合理的娱乐。如果说他们以往一贯享受这些娱乐,现在就没有时间了。除非自己停止劳动,他们就不知道还有什么叫做休息了。周围的人也处在同样的环境下;这样,他们就从童年到青年逐渐地加入小酒铺搞的那种诱人入邪的买醉寻乐的事。这方面男青年特别多,但女青年往往也去。他们成天进行劳累的工作,缺乏良好的习惯,加上头脑又十分空虚,这一切都使他们走上这条路。

这种培养方式所造就出来的人,只能是身心俱弱的人。他们的习惯普遍说来对自己的安乐和旁人的幸福都是有害的,并且极容易窒息一切群体感情。一个人在这种环境下,只见到周围的人像邮车一样急急忙忙地往前赶,追求个人财富;除了**使人堕落的教**

区救济以外，谁也不管他，谁也不关心他的安乐、他的需要以至他的痛苦，而教区救济只能使人用冷酷心肠对待别人，或者使一方面成为暴君，另一方面成为奴隶。今天他为某个主人工作，明天又为另一个主人工作，接着又为第三个和第四个主人工作，直到雇主和雇工之间的关系弄得支离破碎、只考虑个人眼前直接能从对方取得哪些利益为止。

雇主把雇工只看成获利的工具，而雇工的性格则变得非常凶暴。如果没有贤明的立法措施防止这种性格发展，并改善这一阶级的状况，这个国家迟早会陷入一种可怕的，甚至是不可挽救的危险境地。

本文的直接目的是实行改良，避免危机。达成这些目的的唯一办法就是制定一项议会法令，作出以下规定：

第一，机器厂房的正规劳动时间每天限于十二小时，其中包括一小时半的进餐时间。

第二，十岁以下的儿童不得受雇在机器厂房内工作，或者十岁至十二岁的儿童每天工作时间不得超过六小时。

第三，男女儿童在阅读和写作能力还不能实际应用、算术四则还不能理解、女孩还不能缝制自己日用衣服以前，不得受雇在任何工厂工作（这一条在规定的时间以后实行）。

这些措施如果不受党派感情或狭隘而错误的个人目前利益观点的影响，而只从国家的观点出发，就将证明对儿童、父母、雇主和国家都是有利的。但由于目前我们所受的教育，许多人都不能把遍及全体的问题和一党一派的事分开，而另一些人则只能从目前金钱利益的观点来看问题。因此我们就可以作出结论：将来会有各种各样的人部分地或全部地反对这些措施。因此,我就极力使自己走在他们的反对意见的前面,预先作出答复。

儿童对于上面所提的计划是不会提出任何异议的,因为我们很容易教他们认识到这些措施对他们无论在童年、青年、成年还是老年时代都是非常有利的,经验也将证明这一点。

在无知和恶习中长大,因而陷于贫困的父母会说:"不送孩子去做工挣钱,一直养到十二岁,我们养不起。所以不准我们把孩子在这个年龄以前送进工厂的那一部分计划我们表示反对。"

如果以往最穷最苦的人都是把孩子一直养到十四岁不送去正式工作,那么现在这些人为什么不能把孩子养到十二岁呢?推卸这种责任的父母如果不是愚昧无知,不是养成了使自己的智力降到比许多动物的本能还低的恶习,他们就会理解:强迫孩子过早地到那种环境中去劳动,就等于把他们的子女送到一种准会妨碍发育、准会使身体特别容易生病、使脑筋特别容易受伤的环境中,同时也会使他们无法获得本来应有的强壮体格;没有这种体格他们就享受不了多少幸福,反而必然会成为自己、朋友和国家的负担。父母这种做法还使孩子没有机会养成操持家务的习惯;没有这方面的知识,高额的名义工资并不能给他们带来多少享乐,而且在劳动阶级中没有这种知识也不能享受多少家庭幸福。

儿童如果这样过早地受雇,就不能得到任何普通的初步书本知识。同时他们由于不断地与教育同样不良而愚昧程度也不相上下的伙伴交往,非但得不到这种有用和有价值的知识,反而会养成极有害的习惯。因此,我们的确可以说,父母从子女过早的劳动中取得的每一个便士,不但会牺牲未来的许多英镑,而且也会牺牲孩子们未来的健康、安乐和善良品行。这种有害的制度如果不用一种较好的制度来代替，流毒就会蔓延，并且会一代一代地愈来愈严重。

我料想雇主们对于以上所提的儿童进厂年龄以及让儿童事先养成良好习惯并取得初步普通知识这两方面不会有任何反对的意见。因为，根据可以充分确定这一事实的经验，我毫无例外地发现，儿童到十岁时再让他每天经常工作，要比在任何更小的年龄工作有利。同时，不论儿童或成年人，教育受得最好的，工作也做得最好，并且要指导他们去做每一件正当的应做的事也远比旁人容易。投资大的工厂的厂主，也许会反对减少**现在**通常规定的每天的工作时间。他们的理由充其量不过是这样：建厂资本的租金①或利息，应当从产品数量中收回。如果不允许厂主从厂内工人身上取得人性能够支持得住的全部时间的劳动（比方说每天工作十四至十五小时），而限制他们每天从工人身上取得十二小时的劳动，那他们的产品的主要成本就会因为产量减少、所负担的租金或利息的比例增大而增加。但是，这条法律如果像上面所提的那样在英格兰、苏格兰和爱尔兰普遍实行，那么这些工厂的产品的主要成本最后不论产生多大的差额，都将由消费者负担，而不会由厂主负担。如果从国家的观点来看，每天十二小时的劳动比更长时间的劳动在经济上将取得更多的东西。

但是，我相信任何工厂要是作好安排让雇工每天劳动十二小时，就都能够替厂主生产出同每天让雇工工作延长到十四至十五

① 资本的租金是欧文时代的用语。——译者

小时的工厂所生产的完全一样便宜或差不多一样便宜的纺织品。

　　即使情形达不到上述的程度,但由于人民的习惯和生活方式有所改变,就必然会使他们增进健康,享受安乐,获得有用的知识并使济贫税减少,这就足以抵偿国家在任何商品的主要成本上的微小增加。

　　我们能不能想像,不列颠政府会拿少数人的微不足道的金钱利益同千百万人的实际福利相对抗呢?

　　雇主要是不得不为了国家利益照他应当做的那样对待雇工,这对他是不会有什么损害的。自从普遍设置昂贵的机器设备以来,人性所受的强制已经远远超出了它一般所能忍受的限度。结果就给个人和公众都带来了极大的损害。

　　从国家的观点来看,这一措施几乎比以往许多世纪的其他一切措施都更可悲。它使广大人民群众的家庭生活习惯遭到了破坏。它剥夺了他们受教育和享受合理娱乐的时间,它剥夺了他们的实际利益,并且由于使他们养成了上小酒铺买醉寻乐的习惯而毒化了他们社会生活中的全部享乐。

　　对于偷了几个先令、伤了一下猫狗,甚至伤了一根嫩树枝的人倒定出严刑峻法来把他们监禁、充军或处以死刑;然而对于没有法律禁止就会贪得无厌的人却又**不**制定法律加以约束,使他们不能为追求利润而剥夺千百万同胞的健康,剥夺这些人获得知识和将来进修的时间,剥夺他们社会生活中的享乐和每一种合理的享受。我们难道能够这样做吗?这种做法是不可能长期继续下去的。它将用自身所产生的实际罪恶来医治自己。如果政府不加以适当的指导,这种治疗就将以对公众福利极为有害的方式进行。

一般人对计划中建议国家出资兴办并指导低级阶层的教育事业的部分也许最感兴趣。我们非常希望这一措施能带来的巨大实际利益将得到更广泛的考虑和了解，以便彻底清除反对最激烈的人们目前对这一问题所抱的错误观念。

一个人如果从小没有受到许多错误的教导，那么他只要对于世界以往的事情稍微有些普通知识，并且对于周围小党派和教派中的人所表现的人性有一些亲身体会，就能很清楚地看出：儿童经过教育可以养成任何习惯和情感。这些习惯和情感同每个人身心两方面的天生倾向和能力，以及他所处的一般环境结合起来就形成一个人的全部性格。

因此，问题很清楚，只要引导人们注意采取理应能使年青一代养成最好的习惯和最公正、最有用的情感的立法措施，并格外注意那些处境不良、没有这种措施旁人就容易教他们养成最坏的习惯和最无用、最有害的情感的人——只要这样做，人性就可以改善，并且可以形成全人类的利益和幸福所要求的性格。

请问那些根据政治家唯一应当遵从的开明原理研究政治学的人：如果有一种人养成了一种习惯，使他们身体健康、节制有度、勤劳奋发，并能掌握判断事物的正确原理，得到预见的能力，养成一般的良好品行；而另一种人所受的培育则使之愚昧、懒惰、放荡，判断力有毛病，并养成了一般的坏习惯；从国家的观点来看，这两种人的区别究竟何在呢？根据他们为国家所能产生的真正价值和政治力量来说，前一种人的一个是不是比后一种的好几个都强呢？

在不列颠帝国境内难道没有千百万人可以分成这两种人吗？如果能有一种变革对这些人的福利发生这种根本性的影响，并通过他们对整个帝国每一个成员的福利都发生这种根本性的影响，那么国家和政府的首要任务难道不是应该立即采用**能够**实现这一变革的措施吗？

由于某一政党想把自己那套原则强制灌输给青年人，或者由于另一政党害怕这种改良的立法制度好处太大，将使提出提案的大臣获得太大的名声和势力，我们便不坚持要采用这样的重要措施，从而使国家的最高利益受到损失，我们难道能够这样做吗？

我相信，这些错误实际上不久就会消灭。那时政府将不再被迫牺牲广大人民群众和帝国的福利与美德来满足那些培育不良、连自己的安全和利益都认识得不对头的少数人的偏见。

比以往所采取的任何措施都好的、极其明显地能为千百万同胞谋更大福利的措施，绝不能因为国内某党某派错误地以为这个计划必须由他们一手指导，否则将削弱他们在公众心目中的影响而长久地拖延下去。毋庸置疑，我们这个时代的人凭自己的智慧绝不会把这种指导权完全交给任何一个政党。另外有一些人所受教育的原理同这种措施的原理完全相反，因而可能认为对全国贫民与低级阶层实施的教育制度如果由政府批准，并由国家指导和监督其施行细则，就会使大臣弄权、为害不浅，我们也绝不能因为这些人的缘故而拖延不予实行。

人们如果排除了党派考虑，诚心诚意地希望为同胞造福，没有个人打算，并希望支持和加强政府，使政府能更好地采取有效和决定性的措施来普遍改善人民的生活，那么上面所说的那些看法就不可能在他们心中存在。

千百万被忽视的贫苦无知的人民以往所形成的习惯和情感，

一直使他们变得卑贱不堪。我现在以他们的名义吁请不列颠政府和不列颠人民齐心协力建立一种制度,使目前没有受到任何良好和有用的教育的人受到教育;此外还要用一种明白、易行和实际的预防制度来遏制愚昧,以及由于愚昧而产生的,并在整个帝国范围内迅速加剧的贫困、邪恶和痛苦,因为常言道:"从小训练,到老不变。"

上利物浦伯爵书

论工厂雇用童工问题①

伯爵阁下：

您是不列颠帝国的首相，请允许我向您提出这个关系全国的问题。这个问题虽已引起某些方面相当大的注意，但就其真正的重要性来说，一般民众显然还远没有予以足够的重视和理解。

关于工厂雇用童工的法案，已经在下院两次宣读，并由全院委员会通过，斜体字②也已填就，就等4月的第一个星期一进行三读了。

我注意了一读和二读时的辩论，并在不久以前收到了一份经全院委员会修正的法案副本。

---

① 1815年欧文提出改善童工和成年工人状况的立法草案后，1816年英国下院成立一个调查工厂童工状况的委员会。欧文向该委员会提供他走访许多工厂区所搜集到的材料并陈述新拉纳克的劳动条件。与此同时，反对改善工人状况的工厂主竭力阻挠欧文改革方案的实现。本篇及下一篇是欧文为促使其法案成为法令而于1818年提出的两次书面呼吁。

在工厂主的压力下，欧文草拟的法案被修改得面目全非，于1819年夏成为法令。——译者

② 英国议会法案中未决部分是用斜体字印出来的。——译者

看来,这一法案遭到了许多积极活动的富有的棉纺厂厂主的反对。他们都是善于经营的实业家,其中有一些人是下院议员,他们对于认为妨害其本身利益的任何措施都要发起激烈的反对。

支持这一法案的人,都是认为我国工厂目前所通行的办法在许多情形下是有害于儿童的人。

关于这个问题,双方所持的理由似乎都很偏颇。

他们只是极不全面地考虑到或者根本没有考虑到这个问题对于国家整体利益的广泛意义。因此他们对本法案急需政府与全国人民注意这一点便坚持不力。

工厂主只是用商人的眼光来对待这个法案,唯恐其中提出的规章会以某种方式损害他们的分毫利益。

习于工商业之道的人唯恐失去金钱利益,这是很自然的事。他们在社会上的地位要取决于各人营业的成败,在许多情形下,连生活问题也是如此。同时他们也是十分劳累和操心的。但除了少数的、因此也就是突出的人以外,他们的劳累和操心都只得到了极不充分的报酬。在这种情形下,我们就有理由认为他们对于任何问题都是用唯利是图的眼光来考虑的。在一切危及他们假想的或实际的利益的事情上,他们总是积极防范,唯恐不及,对此谁也不能加以责怪或感到惊讶。

由于这些以及其他的理由,对于工商业与各行业的自然运行过程,除非同涉及整个社会福利的措施有冲突,就不应加以干扰。而在发生冲突时,次要的问题自然应当永远放到后面。

我国工厂的现行办法就是一个例证。它们以独特的方式形成这种冲突。

它们同社会的最高利益根本冲突,对于任何阶级或任何个人都没有好处。

我认为只要略加解释,就可以向阁下证明这个说法的正确性。

一般说来,工业在目前的安排下所提供的职业对于雇工的健康多少是有害的。雇工要为别人,往往要为自己所仇恨的人的利益而牺牲自己的精力和实际享受。

像这样被雇的人现在构成了我国人口中很重要的一部分;其人数之多,必然会使他们之中所流行的一套办法的一切善果与恶果散布到帝国的每个角落中去。

这套办法是:

第一,儿童在体力还不足以应付工作以前就被雇用;在他们还不能开始操持必要的家务以前就被雇用;在他们还没有能养成任何巩固的道德习惯或求得任何巩固的知识使自己成为有用或无害的社会成员以前就被雇用。

第二,雇用男女成年人在不利于健康的条件下工作,而且每天的工时过多,不合理。

下院所讨论的法案的目的只是针对上述第一部分的祸害,提出了无疑是非常不够的补救办法。

法案允许雇用九岁儿童,每天工作十二小时半,其中只有一小时半让他们吃饭和在户外活动。

经验证明,人们由于早年养成的习惯,对于最野蛮和最不人道的风俗非但可以漠不关心,而且还可以把它当成最有趣的娱乐。纵使天性最善良的人,也可以很容易地训练他,使他喜爱吃人的风俗。因此,如果要责难工厂主不该采用他们从小所熟悉的办法,或者认为他们比其他阶级的人更不人道，便显然是不公平的。

　　然而，他们从小所熟悉的这套办法，对于他们的同胞来说，却极不公道，而且特别有害于国家的最高利益。

　　这方面的一切后果不是一封信所能详细说明的。但我认为只要提出一个大概，就足以向阁下立即说明这个问题的重要性，并可证明为什么政府应当立即注意这个问题。

　　要使政治贤明而公正，就必须采取措施，使目前形势下所能实现的最大利益普及我王治下的全国人民；尤其要使最贫苦无告的人民得到保障、不受无谓的压迫。

　　阁下，请允许我用这些原则来说明这封信的正题。

　　由于某些毋需在这里解释的原因，单纯的体力劳动的价值已经大大地降低了，以致我国和其他国家目前劳工的处境对于他们本身的幸福来说，远远不及封建制度下的农奴或贱民，也远远不及古代任何国家的奴隶。

　　最近三年来，我个人简直老是不得不拒绝那些愿意卖最大力气的人为我做工，他们请求工作时，都是苦苦恳求，实在令人难以推却，而所要求的工资却不够他们及其家属购买最起码和最普通的生活必需品。

　　他们所要求的那一点点工资，实际上只能使他们慢慢地饿死，其情况之悲惨是富人们无法充分理解的。

　　在这种情形下，甚至连我国的劳工及其家属目前都的确变成可怜的人了。

　　但富人所持有的一切，都是从这个阶级身上得来的。富人们之所以能陶醉于有害自己的过分奢侈的生活，只是由于依靠穷人的劳动;这些穷人,甚至连足够的生活必需品都无法得到,至于周围所见到的无数生活享用品就更不用提了。

但是,如果能让他们的能力得到充分发挥,那么增产出来的产品就会极其丰富,不但能使他们自己分享,而且还能使较高阶级所获得的财富比他们在现有条件下所能获得的还多。

以上都是事实,阁下,在任何时候我都可以找出证明使任何贤明的人充分相信。在这种情况下,劳工和他们的家属都的确有公平而合理的权利要求议会帮助和保护他们。

目前在大多数情形下,劳工由于生活所迫,在有人需要时不得不每天劳动十四、十六甚至十八小时。他们的工作常常不容他们有丝毫舒适之感;这种工作往往是非常有害健康的,有时还是违背人性的。但是,阁下,劳工的儿子和女儿,甚至连他的年幼的子女,现在都同样受到逼迫。当他们能求得这种悲惨的工作时,也全都必须同样地工作,以便维持最低的生活。

他们之中许多人从不希望得到比这好的生活条件,而是经常生活在恐惧中,深怕一旦疾病临头,迟早连现在这种生活也不得不降为以教区贫民的身份来接受。

我相信,阁下会立即同意:这种情况是不能继续下去的。再继续下去就会消灭统治者与被统治者之间的一切正常感情。混乱和苦难就会继续加剧。

如果您问我,补救的办法在哪里,或者用现代政治家常说的话来说,祸害到时候会自行消灭,那我就要说:补救办法是有的,可是我否认祸害不加遏制就能自行消灭的说法,除非是说它日益不断地迫使人们采取这些补救办法来消灭它。

一个真正开明的政治家会采取明智的改良措施来避免这些日益加剧的祸害。如果任其发展而不谋补救之道，就必不可免地会打乱他负责治理和领导的社会制度。

在以往的历史中，各种客观条件的结合从没有出现过像现在这样的危机。以往任何时期都没见过知识和苦难像这样紧密而广泛地结合在一起。

这种结合绝不可能持续下去。其中必有一个会取得优势。任何能预见未来的人，绝不难推测将来谁胜谁负。

各国政府现在所能采取的唯一安全的道路是引导知识，而不是遏制知识。

不愿或不能这样做的政府，就会遭到愈来愈多的困难；任何违反其所辖人民的长远利益、不能顺天应人的政权，都不能长期经受住这种困难。

阁下，我相信不列颠政府不会命定地要变成这样一个政府。

我确信，我们国人之间洋溢着善意和智慧，不会让我们这样一个愿意牺牲暂时利益以保全未来的自由与幸福的民族遭受这种灾难。

根据这些理由，我才针对现存祸害，向阁下提出这些唯一有效而自然的补救办法。我们必须把劳动阶级的正当教育和有利的雇佣当成政府的基本目标，只有依靠这样一套政策才能获得安全。采用任何其他补救办法都会被证明只是权宜之计，而且是为时极短的权宜之计。

但是，阁下，上面所说的那一大批人中，不但是成年男女，而且连幼龄儿童在内，现在都被迫在有害健康的工作中每天劳动十四至十五小时，所以要达到这些目标就必然是缘木求鱼、劳而无功的了！

这种办法是由于愚昧的盲目行动而产生的；人们用这种办法饥不择食地攫取眼前的财富时，就会摧毁使财富保持永久并取得其利益的唯一可靠条件。

反对已经提出的改良措施的人，在采取了这些措施之后，必然会大受其惠。

如果我们把这个问题甚至只当做单纯的利润或金钱利益问题来公平地加以考虑，那么我们就很容易向任何人（只要他还没有被训练成一个单纯的工厂主，或所受商业偏见的熏染还不太深）证明：采用现在所应当采用的规章以后，各有关方面都必然会获得利益，也就是说，必然会以更低的成本为所有的人创造出更多的财富，而每个人也必然会得到更多的享受。

但我毋需浪费阁下的时间来详谈我的论点。这样谈只对某一类人才有必要，他们的思想局限于一个阶级，因而不能用必须把社会当成一个整体，而不当成互不相连的零星部分这种思想方法来考虑问题。

现在这个问题已经提交给议会和国家了。我早就盼望这样提出来，让其中的原理能由那些与目前破坏同胞（他们往后唯一的指靠就是教区救济）的健康、道德与幸福的措施没有任何实际的或想像的利害关系的政治家来充分而公正地加以讨论。

但遗憾的是：我所收到的这份法案副本在目前形式下所包含的改良条款，并不足以消除早就应当防止的现存祸害。

这些条款把计划进行的改良局限于棉纺织厂，并且准许九岁儿童在棉纺织厂受雇,准许九岁至十六岁儿童每天工作十二小时半,其中只有一小时半让他们吃饭和在户外活动。

我确信,首先在议会提出这个法案并为这个题目花了许多时间的议员可以看出,用这些条款来解除目前的祸害是非常不够的。

这些议员也许不敢要求更多的东西,唯恐要求了更多的东西就会使那些认为自己可以由于永远压迫同胞而得益的人加强反对;这些同胞所受的压迫比人类迄今所受的同样范围的任何奴役都更厉害。

古往今来从没见过任何一个国家让千千万万名七岁至十二岁的儿童每天在热不可耐和有害健康的环境下连续不断地工作十五小时;其中只给他们四十分钟来吃饭和换换空气,而换空气时又往往是在潮湿的地下室或阁楼中,在邻近的狭窄街道或污秽的小巷里。

如果让所提的法案以现在的形式通过,那么这种压榨制度就将得到不列颠议会的承认;因为向下院调查这一问题的委员会提出的证词说明,其他工厂所通行的办法也和棉纺织厂一样有害健康。

我们绝不能设想,议会现在会容忍这种弊害,从而损害自己的名声。

如果法令只对某一工业部门中受雇的人作出一些微不足道的改良,而让其他方面千千万万人仍然遭受我现在所指责的压迫和奴役,那么与其让受苦受难的人们受到这种法令的嘲笑,还不如让这种祸害原封不动地保留下去好得多。

阁下,我的确希望这一重大问题能由皇家政府的大臣根据问题的明显而正确的原理加以讨论和辩护。我相信他们会让全国人民看到,他们毋需受到革命或暴力改革的强迫就会去保护被压迫者和无依无靠的人。他们会自动地从唯一可以动手进行有益改革的地方开始,也就是从好好地注意年青一代的适当教育开始,逐步进行改革。

如果我们把这一点当成大不列颠内政政策的指南,那么我们就有把握预言,我国以往昙花一现的繁荣与成功,和它将来永不消逝的强大与光荣比起来,只是一种幻影而已。

现在已经出现了大好良机,可以开始这项令人敬佩的工作了。我们希望我国最开明的政治家能如饥如渴地抓住这个机会,抛掉愚昧鄙陋的党派感情,为了与大家利害攸关的事业把一切力量都团结起来;并希望他们适时地采取以引导人类走向团结和善意的原则为基础的预防措施,消除在各方面使现存的一切政府和制度遭到解体的严重威胁的那些社会制度的祸害。

但是,阁下,您是一位注重实际的政治家,我要向您提出这样一个问题:如果年青的一代几乎从孩提时代起就被关在有害健康和败坏道德的工厂里,每天工作十四至十五小时,长此以往,他们能养成正当和优良的习惯吗?或者说,阁下,人性最大的敌人能想出比这更有效的方法来摧毁人类获得改进和幸福的一切希望吗?这种敌人在极度狡狯和愤恨的时候,能这样有把握地以其他的方式替人类安排下深重的灾难,或者能这样万无一失地使人类遭受其本性可能遭受的各种大大小小的苦难吗?

劳动阶级是我们一切必需品、享用品和奢侈品的生产者。关于改善他们的悲惨境况的问题,我们不能只限于说说而已,还应当前进**一步**。他们必须受到保护,不再遭受现在所受的压迫。我们必须让他们的子女得到一种使之能养成对自己和社会都有益的习惯的环境。

现在议会所审议的法案如果不能达到这些目的,就将完不成最好能完成的事情。

法案的条款不应当只限于棉纺织厂,而应当包括一切不在私人住宅进行的制造业。

我们不能让九岁儿童在棉纺织厂每天工作十二小时半,其中只有一小时半吃饭和休息;我们不能让十岁以下的儿童进任何工厂做工,不能让未满十二岁的儿童每天工作超过六小时。

任何厂主所雇用的工人,不论老少,每天工作都不得超出十二小时;其中要让他们有一小时吃早饭,一小时吃午饭,留下十小时充分和不断地工作。这比我们祖先认为有利的工作时间还多了一小时。我要问的是:把九小时正常而卓有成效的工作定为劳动阶级每天做工的标准,对国家来说是不是更经济、更有利呢?

我完全知道,开始时这个提案会引起商界盲目的贪婪者发出一片喧嚷。阁下,商业使它自己的产儿只看到眼前或表面的利益。他们的思想十分狭隘,只能看到目前一个星期、一个月或者顶多一年的事情。

阁下,他们所受的训练使他们认为,真正聪明的做法是花费百万资本和多年出色的、合乎科学的努力,并牺牲强大帝国的广大臣民的健康、道德与生活享受,这样,他们就能毫无用处地改进扣针、缝衣针和线的制造,并增加这些商品的需求——这样,他们在竭尽心力、无限操劳之后,就能逐渐毁坏本国居民的道德和体力,从而摧毁国家的真正财富与实力。这样做的唯一目的是不让别国参与它们本当参与的这种令人嫉妒的扣针、缝衣针和线的生产。

阁下，我相信我们的国家大事今后不会由这样的人来领导。

他们的意见如果在我们的议会中取得优势，国家的根本利益马上就会全部断送在天大的政治错误上。

这一阶级的信条是不惜一切力量和资财来改进那些无谓的奢侈品和华而不实的东西。这些东西即使做得非常完美也没有任何内在价值，不能为我们的帝国增加丝毫力量或安乐。使我国时髦妇女能按以往价钱的四分之一购买精美的花边和细纱布，并没有带来任何真正的利益；可是在这个价格下生产出这些东西却使成千上万的人一直生活在疾病和苦难之中，不得终其天年。同时，只要有人试图改善人们的生活条件，他们就大声疾呼地反对，说这是无用的、幻想的和违背人生的正当事业的；他们心目中的独一无二的正当事业是积累财富。而这种财富不但在积累时会牺牲民族性格中一切真正伟大的或有价值的东西，而且在获得后也是一无价值，甚至对他们自己和旁人都是极为有害的。

阁下，我们国家的最高利益多年来一直是葬送在我刚才所说的这种有势力的人的手中了。如果国家没有他们的帮助就不能办事，那么，我们就不难看出它将很快地走上什么道路。

阁下，如果有人向您提出，采取这些措施以及其他的改良措施以后，就会刺激人口增长，以致整个世界不久就容纳不下它的居民，我想阁下对这种说法是会泰然置之的。

我想及早向您提出，这种担心人口过剩的看法，就像小孩害怕有鬼一样没有根据。相对说来，目前地球上还是一片荒漠，现有的全部居民目前都正苦于人口没有能够大大地增加。如果我们能正确地理解这个问题,那么,在这方面就没有什么真正可怕的祸害了。

在这一问题上我深信上述的看法,所以就认为责无旁贷地应该向首相阁下这样公开地提出下面一个建议:借助于目前议会所审议的法案,采用一种公开的原理,其内容是培育年青一代正当而优良的习惯,以便逐渐有步骤地铲除正在我国滋长的祸害。

显然,这项改革工作必须有一个预备步骤,即厂主应当不再以压榨方式雇用未到一定年龄的儿童。

这封信虽然费了阁下很多时间来看,但所讨论的事情关系十分重大,想来也就毋需再向您表示歉意了。

长期以来,您牺牲个人的舒适,为公众事务操劳,谨此致以崇高的敬意。

伯爵阁下最恭顺、最谦卑的仆人,

罗伯特·欧文

1818 年 3 月 20 日于新拉纳克

致不列颠工厂主书

论工厂雇用童工问题

各位先生：

　　我请求和各位谈一谈改善我们各厂雇工的环境问题。作为人和一国的同胞，我们都十分关心这个问题。

　　各位当中有许多人都受过高等普通教育，我相信一定会承认这是一个关系全国的重大问题，并且不会从**眼前利益**的狭隘原则所提供的观点，而会从更开朗和更公正的观点来考虑这个问题。我如果对这样的人解释他们必然已经看得很清楚的事情，那便是唐突冒昧了。但是还有一些人不像他们这样幸运。这些人从来没有闲暇来思考或研究这类性质的问题。下边的话完全是对这些人提出的。

　　目前我国工业体系中所流行的办法是在任何人都不能控制的客观条件下产生的。因此，公正地说，谁也不该受到责难。然而如所周知，这些条件却是最严重的祸害的根源，妨碍着我国劳动阶级生活状况的改善；而劳动阶级生活状况的改善对于我国的福利，则是极为重要的；如不加以改善，我国的安全就真正难以保证了。

　　我说的是雇用未到年龄的童工的问题，以及各工厂所雇各种年龄的工人目前每天的劳动时间不合理的问题。

工业体系中最坏的后果都可以归咎于这些办法。如果我们单纯由于不关心这一问题或者由于一种荒谬绝伦、招致毁灭的幻觉，认为这些办法同工业的繁荣是分不开的，因而让这一切继续保留下去，那么我们就只有心甘情愿地忍受由于劳动阶级日益痛苦和堕落而产生的一切恶果了。

但我迫切希望能促使公众注意这个重大问题，并消除各位工厂主对这个问题可能存在的任何误解。我要使各位相信，继续采取这种办法将同我国每一种利益都直接发生冲突。彻底堵塞这种万恶的渊薮，甚至连工厂主的**眼前利益**也不会减少。

让我们首先看看目前我们的童工所处的不合天性的环境。儿童几乎是从孩提时代起就被允许在我们的工厂中受雇，而一切工厂的环境又是或多或少地有害健康的。他们被禁锢在室内，日复一日地进行漫长而单调的例行劳动；按他们的年龄来说，他们的时间完全应当用来上学读书以及在户外进行健身运动。因此，在他们的一生刚开始时，他们的天性就受到了极大的摧残。他们的智力和体力都被束缚和麻痹了，得不到正常和自然的发展，同时周围的一切又使他们的道德品质堕落并危害他人。儿童如果没有健康的体格和良好的习惯，就不能成为国家真正有用的臣民，他们在生活中也不能自享安乐而对人无害。现在有许多不必要的障碍阻挠年青一代受到人道主义与利害得失所迫切要求的教育，在这种情形下，社会上所产生的愚昧与痛苦只能由社会本身负责；我们穷人的后代也必将继续处在污秽悲惨的状态中；他们将学不到任何好的或真正有用的东西，而是受到出色的训练，使他们造成自身的痛苦;他们必然会在青年时代就扰乱社会治安,从年轻时起就一辈子成为社会的负担;他们会饱食终日无所事事;如果国家公平地对待他们或对待自己,这些面包就只能作为有益的劳动的报酬,除了天生不健全的人以外,谁都不能非分要求。

一个强壮、健康、富有智慧、品性良好的儿童的劳动,和一个衰弱、愚笨、不健康、品性堕落的儿童的劳动比起来,前者的价值大得不可比拟。我认为这一事实完全符合我个人以及大家的经验。虽然这一事实十分明显,大家却可能没有想到要去追溯这两种儿童之间所存在的差别的原因,也没有认识到这种巨大差别几乎在每一种情况下都可以完全追溯到他们受教育的环境之间的差别上。但是只要稍微看看事实再动动脑筋,大家就会相信这是真实的情况。在这样明显的事实面前,各位如果通过切实可行而合乎人道的办法可以有把握找到最好的人手时,我绝不敢相信大家会再想雇用这种低劣的人手。

年龄不到十二岁的儿童不应在任何厂房内受雇。某些厂里的熟练操作技术,早年学习比长大了学习要容易得多,在这种厂子里,儿童可以在十至十二岁每天受雇五至六小时,以便获得这种熟练技巧。但是,我认为要用这种办法取得任何好处,受雇儿童、儿童的父母以及国家必须付出十倍的代价。我认为一个聪明的奴隶主即使单单为了牟利也不会把他的小奴隶在这样小的年龄就每天利用十个小时。我们知道,一个有见识的农民也不会过早地使用他的小牲口。纵使是要它做工,起初也是非常有节制的;同时我们还必须想到,小牲口干活时的空气是有益于健康的。可是我们有许多工厂却雇用着七至八岁的儿童,同青年人以及各种年龄的妇女一起每天工作十四或十五小时，而工作时厂房的空气绝不是最有利于生活的。

如果同胞们的福利问题比稍微降低少数商品（往往是无用之物）的主要成本问题更加重要，而前一问题又是对社会习惯与现行办法进行任何改革时所要考虑的主要问题，那么我们这一代人把九小时健康而真正有效的劳动换上十四小时不健康并且常常是无用或有害的工作，便是大错而特错了。

如果要想知道这两种办法的差别，请你们先看看苏格兰那些健康而教育较好的农村儿童，他们在教区学堂一直念到十四或十五岁。然后再请你们看看我们这些身体衰弱、面色苍白和生活悲惨的棉纺与麻纺童工，他们从小就注定要一年到头地从事一种单调的工作，每天干十四或十五小时，冬天早晨天不亮就要去上工，直到天黑很久以后才能回家。

说到这里，我不禁要问一问，**我们**为什么要让自己的男女儿童这样地被雇用呢？如果我们必须拥有奴隶的话，我们会这样对待奴隶吗？无疑地只要请各位注意到这些事实，各位就必然马上会了解到，我们这样做时，对社会上这些最最无依无靠的人是如何不公道和如何不必要地残酷。现在，我感到几乎没有脸向任何人谈论这样一个问题。

各位也许会承认，议会有权规定这些无依无靠的儿童的劳动，如果必须雇用年龄更大的人来代替他们，各位也不会感到多大不便。但是各位会说：自由劳工为工钱做工，应当让他们愿意工作多久就工作多久。

如果我们工厂的工人真正是自由的，每天都可以随便工作十五小时或九小时，那么这问题就不会这样需要立法了。但是他们在这方面的实际情况是怎样的呢？除了外表以外，他们有没有任何方面可算是真正自由的工人呢？即使每天工作时间通常高达二十小时，他们事实上难道不会被迫去做吗？在这种情形下，他们除了挨饿的自由以外还有什么旁的路可走，或者说还有什么自由呢？

过度劳动和过久地关在屋里会过早地削弱和摧毁身体的各种机能。在我们的工厂里，除了吃饭以外，如果每天经常工作十小时以上，便很少有人能保持健康和活力了。但是各位也许会认为，只要劳动阶级把工作做得又好又省就行了，至于照顾他们的健康和安乐，各位并不特别感兴趣。每一个工厂主都渴望他们的工作能做得省钱，而且由于经常在尽一切力量来达到这一目的，便认为低工资是他营业成败的关键所在。有些工厂主用尽一切方法把工资降到最低限度。其中只要有一个人成功，其他人便都要群起效法，以便保全自己。可是，我们如果适当地考虑这个问题，就会发现，工厂主所应当害怕的莫过于劳动工资低，或者说莫过于劳动阶级没有方法取得合理的享用品。劳动阶级人数众多，所以是一切商品的最大消费者。我们永远可以看到，工资高的时候国家就繁荣；工资低的时候，从最高阶级到最低阶级都要遭受损害，其中受害最大的是工业界，因为工资首先必须用来买食品，剩下的部分才能用来买工业品。这样说来，工厂主的根本利益在于工人的工资高，有必要的时间受教育，以便学会怎样正当使用工资。但当我们的现有办法还在施行的时候，这些都办不到。这就使我接触到这封信的主要问题，这就是，让工人每天工作超过十小时，是符合工厂主的利益呢，还是不符合呢？

　　我国和其他各国的工商业与各行业最有力的支柱就是全人口中的劳动阶级。任何国家的真正繁荣在任何时候都可以精确地用工资的多少来衡量，或者用从事生产的阶级的劳动所能获得的享用品来衡量。

　　显然，劳工必须先给自己和家属购买食物，然后才能买其他东西。因此，如果我们人口中的这个阶级竟如此沦落而又受压迫，以致只能获得最起码的生活必需品，那么他们就不能成为工厂主的主顾了。我们必须认识到，世界各国至少有三分之二的人口直接依靠劳动工资维持生活，而在我国则主要依靠各行业和工业维持生活。

　　劳动阶级可能在三种情况下受到为害匪浅的屈辱和压迫。

　　第一，小的时候没有得到照管。

　　第二，被雇主使用过度，以致在能赚得高额工资时，也由于愚昧无知而不能很好地加以利用。

　　第三，劳动所得到的工资太低。

　　但是，当愚昧无知、工作过度和工资过低这三者结合起来的时候，不仅劳动者会陷入悲惨境地，而且连所有较高的阶级也都会受到根本的损害，只是任何人所受的影响都没有工厂主那样大，理由已经在上面说过了。

　　各位只要稍微多想想这个问题，就会马上发现，如果各位的工人在小的时候受到良好的教育，长大成人时身体健康，并且有钱可以成为各位的好主顾，这一切都十分明显地对各位有利。如果他们没到年龄就被各位雇用，后来由于从事不合理的劳动并得不到正当的休息和空闲，不得不耗尽自己的体力，那么他们就没法受到良好的教导,没法使自己健康,也没法把那微薄的工资作有利于自己、有利于各位并有利于整个国家的使用。你们采取这种目光短浅的做法,就从根本上埋葬了你们自己的繁荣,并且确确实实是把天天给你们生金蛋的鹅杀掉了。①

我绝没有理由要欺骗大家。我的全部经济利益是投在和各位相同的事业上的。我也是各位之中的一员。任何措施要是真正损害了工业体系,我所遭受的损失比大多数人都重。我煞费苦心地不让自己在这个问题上迷失方向。我相信我对这个问题的看法是不偏不倚的。我并不偏爱某种特殊的原理或实践,而只是真诚地热爱真理,遵循这种热爱的指引。在这种情形下,请允许我确实地告诉各位,我坚信我们目前的办法将破坏劳动人民生活中一切可以称之为享乐和幸福的东西,因此就不符合他们所应当得到的普通人道主义待遇。这些办法对我们国家的最高利益是十分有害的,是我们工厂主成功的对头,其力量将比外国人可能对我们进行的一切竞争还要大十倍。

我们抱怨我们的劳动人民卑污不堪;然而当我们驱使他们从小到老工作时所供给他们的工作条件和工作方式,都使他们大部分人不论得到多少工资,都必然是卑污不堪的。

我们抱怨所有的市场都有我国工业品过剩的现象;然而我们却强迫自己的儿童和成百万成年人几乎昼夜不停地工作,并且不断推动日益增加的机械力量向前发展,让这些市场的存货更加过剩。

---

① 参见《伊索寓言》,商务印书馆 1978 年版,第 59 页。——译者

我们抱怨许多强壮、健康和有活力的成年劳工都在失业；然而我们却过早地雇用童工(几乎是幼儿)，并使大部分人民劳动极端过度，好像我们故意要使那些应当工作并且有了工作以后对他个人和整个民族都有极大好处的人都失业一样。

我们抱怨济贫税已经变成一种触目惊心的祸害，如果任其发展而不加遏制，就会动摇文明社会的基础；然而我们又使人民大众陷于愚昧之中，让他们的健康和道德从小就受到损害，到成年时就被摧毁，使他们未老先衰，孤苦伶仃。这样我们就用了最见效的方法迫使我们的劳动阶级把济贫法当成唯一的遗产，从而使历来为害最烈的、从内部瓦解文明社会的祸害加速发展。

我们抱怨外国原料贵得出奇，使种植者获得了巨额利润；我们抱怨由我国男人、妇女和儿童在失去一切自然享受并使用无与伦比的和几乎永远旋转不停的机器的情况下，以过度的操劳用外国原料所制造的产品，并不能使我们给这些可怜的人提供起码的生活；然而我们厂里的劳动时间延续到这样长之后，我们就等于是用尽一切力量来增加外国原料的价格，并降低我们产品的利润。

我们的行动就是这样盲目无知。我不得不问：不列颠诸岛一向夸耀的智慧到哪里去了？

能理解工业体系并能一步步追溯它的兴起、发展和后果的人可以清楚地看出：这种体系产生了一种环境，使人们在其熏陶下认为自己的天职，用一句行话来说，便是要占一切人的**便宜**，而且要把个人幸福和社会福利贡献在个人利得的祭坛上。但在用了这种办法之后，他们之中最幸运的人也都没有真正如愿以偿。他们拼命地沿着错误的方向努力，结果他们所想望的东西就愈来愈远地脱离了他们的掌握。

朋友们，现在我们不能再这样下去了。让我们停下来考虑一下某些人极为珍视的办法究竟是不是明智的。这些办法就是雇用未到年龄的儿童，并从一部分成年人身上榨取过分的劳动，因而使成千上万的其他成年人完全失业，陷入悲惨境地，并且由于得不到工作而挨饿。

我们只要稍微聪明一点，并正当地运用这一点智慧，就可以看出，单单作为工厂主而言，以下的办法很明显是对我们有利的：让儿童受到适当的教育，并且具有强壮有力的体格；让我们的工人和整个劳动阶级每天劳动不超过十二小时，中间有两小时休息、换空气、进餐；让他们从劳动取得的工资足以购买卫生的食品和某些最需用的工业品。

这些改革，纵使从可能最不利于工业利益的方面来看，也都是有利的。

如果说我们不雇用十二岁以下的童工，并使每天工作时间限于十二小时（其中包括吃饭时间），就会使工业产品供应减少而主要成本略有增加，那么，由于现在供应超过了需求，供应减少之后就会使物价以更大的比例增加，消费者就会弥补这种差额，而这也是他们应当弥补的。不过这样所产生的价格上的不同，和由于少数投机富商一下子吞进大批商品原料而造成的一切商品价格的经常波动比起来，必然是微不足道的。拿目前最发达的棉纺织业来说，以上提出的改良办法对于主要成本的影响，每磅棉纱还不到几分之一便士。至于织成的棉布或细纱布，则每码所增加的成本还不到这个小数目的几分之一。这一原理对所有其他的工业都能适用。然而投机活动则可以使原料的主要成本每磅增加一至十二便士，甚至达到十八便士。这些都是牺牲公众利益来使极少数人受益的事。

我不是跟这些投机活动挑毛病。但在投机市场中最活跃的和获利最多的人不应当仅仅借口商品的主要成本将略有增加（他们为了自己的眼前利益会把商品的价格提高十倍或二十倍）就反对铲除那些影响着千百万最无依无靠的人民的福利和切身利益的弊害。

总之，朋友们，如果各位能本着公正的态度来研究这个问题，就一定会发现目前我们这一行业中所盛行的严重有害的办法，是没有站得住脚的理由再继续下去的；就一定会发现对我们特别有利的做法不是反对这些办法，而是我们每个人都向议会请愿，请它立即取消这些办法。我相信各位冷静地、不带偏见地考虑了这一切情况之后，便会从各工业区纷纷把请愿书呈递议会。

　　　　　　　　　　　　　　　　　　　　罗伯特·欧文

1818 年 3 月 30 日于新拉纳克

告劳动阶级书

（发表于 1819 年 4 月 15 日《星报》及
1819 年 4 月 25 日《观察家周报》）

我曾提出一些原理,作为管理人类事务的新制度的预备条件。当人们公开问到欧美两洲真正明智的人士时,他们都默不作答,这样就默认了这些原理的正确性。直到目前为止,国内外对于管理人类事务或培育人类性格的理论与实践有任何认识的人,从没有试图证明我在《新社会观》中所提出的任何一条原理是错误的。当我们仔细研究时,就会发现这些都是自然规律,因此便是无懈可击的。

但是所有的人都是从小就**不由自主地**把其他看法当作真理来思考和行动的。现在他们在理论上虽然不得不承认这些原理是对的,但是由于没有看到世界上有任何一部分人处于可以按照那些原理行动的环境,便根据以往的经验,很自然地会认为"新制度"虽然可以得到最明确的证明,却是不能实现的。然而这一切只能说明,得出这种结论的人没有能力把已确立的原理化为有利的实践。如果人们在没有充分论据可以作出任何正确判断时就这样匆匆地下了结论,那么他们对于科学上任何尚未采用的重大改进便都可以同样信口作出结论了。他们忘记了正是由于一种现代的发明,一个人加上一小点蒸汽的帮助就可以做一千个人的工作。如果这些不相信人类进步的人,现在才初次知道哥白尼学说体系的真理,他们又会怎么说呢?

但我们将让这些人去死抱住那一套可怜的自以为是的聪明,一直到事实使他们相信为止。因为不久之后他们就会瞠目结舌地看到他们现在认为不可能像那样配合起来的那些运动中的单纯而美妙的秩序。

你们和其他各阶级,从最高的阶级到最低的阶级,都会十分想望这种变革,但在让它实现以前还必须克服一个巨大的障碍。你们和其他人一样,从小就养成了一种态度,即鄙视和憎恨一切在习惯、语言与情感方面跟你们不同的人。你们心中充满着褊狭的感情,因而对于那些受驱使而反对你们的利益的同胞便怀着愤怒的心情。必须首先消除这种愤怒的心情,然后任何关心你们的真正利益的人才能把权力交到你们手里。必须使你们认识自己,只有这样你们才能发现别人是怎样的人。那时你们就会清楚地看到,绝没有任何合理的根据可以让愤怒的心情存在,甚至对于那些由于现存制度的错误而成为你们最大的压迫者与死敌的人,也没有理由感到愤怒。使你们处于现在这种境地并使你们成为现在这个样子的,是你们完全不能控制的无数不同的客观条件。其他同胞和你们一样,也是由于他们所不能控制的环境而变成了你们的敌人和凶恶的压迫者。极其公正地说,他们对这些结果所应负的责任并不比你们更大;你们也不比他们更应当负责。他们的外表虽然豪华,但目前的境况往往使他们比你们更痛苦。因此,他们对于行将一视同仁地为全体的福利而开始推行的变革便和你们同样深感关切;只要**你们**不使**他们**产生更大的敌对心情就行;那样做一定会延长两个阶级现存的苦难,使公共福利受到妨碍。

现存的制度使某些同胞有钱有势,并且拥有特权。他们所受的教育使他们珍视这些特权。如果你们从行动中表明自己有意要用暴力去夺取他们这种利益、权力和特权,他们就会继续以猜忌和敌对的情绪来对待你们,贫富之间的斗争就将永无止境,并且你们之间不论进行什么相对的改革,掌权人物仍会同样地压迫弱者,这难道不是显而易见的事吗? 在你们生活境况未能得到改善以前,这种非理性的无谓纷争必须停止,而且必须采取措施使两个阶级都得到实际利益。那时,愤恨与反抗就会平息,没有经验的人目前认为无法实现的措施,也会非常顺利地实现。这种变革就迫在眉睫了,因为人类的历史已经面临着一个新的转捩点。

世世代代的经验已经揭露出许多真理,它们说明:"所有的人由于受从小以来的环境的驱使完全成了一种非理性的和局限于一隅的动物,因而被迫根据直接与事实相冲突的论据去思考和行动,当然也就被迫采取对于合乎一般人天性的幸福以及自己的幸福同样起破坏作用的方法。"我非常了解,阐明这一真理最初将使那些目前被认为富裕、博学和有权有势的人以及一切被熏染得自以为有一些知识的人产生什么感觉。然而我们在宣布这一真理时,并不要使任何人受到不必要的痛苦。相反,我们把它提到世人面前,只是要向人类提出初步的知识,引导他们走向理性并摆脱历来存在的愚昧与苦难。阐明这种极端重要的真理必然要产生的痛苦只会是暂时的,而且不会真正伤及任何人就过去了;而它所产生的实际好处则将使整个人类世世代代受益无穷。我是由于完全认识了这种真理以及真理被普遍认识之后将给人类带来的无穷效益,才向你们提出的;这不是要提出一个抽象的理论,让空想家去欣赏,而是要向你们指出危害社会的,而且必须事先消除才能使你们的境遇获得改善的一切谬误的根源何在。

只有这样的知识才是真正的知识:它能使人出于本性地真正泛爱全人类,并以数学论证的精确性使所有的人都能以最广泛和最纯真的宽宏精神对待他人。这种知识将迫使人类相信,如果把现存的祸害归咎于同胞并迁怒于他们,那就是地道的愚蠢和不理智。任何人一旦变得理智以后,产生这种情绪的观念就不可能进入他的精神世界。

这样一说之后,你们是不是就能把一切知、愚、贤、不肖、有权与无权、富有与贫穷的同胞都看成只是由于出生的环境所形成的人呢?是不是就能认为不论他们是何等样人,他们之所以形成他们那种情况是由于培育他们凑巧具有的那种能力与品质时,根本就不容他们做主呢?如果你们见不到,也不能理解这一真理的话,你们就还不能从精神上的黑暗深处和肉体上的痛苦深处解脱出来。但是我相信你们现在已能接受光明,不会由于光度太强而受损伤了。因为多年来,我已经逐渐为你们接受这一真理做好了准备。如果我所获得的有关人性的经验不至于太靠不住的话,那么现在透露出这一真理已经不嫌为时过早了。

如果你们能接受这样一种说法:即具有历来世界上最优美的外貌和最高智慧成就的人类,公平地说来只能称之为地区性的动物;他们局限于世界上根据非理性的观念划分成的许多区域中的某一个区域;如果你们的头脑现在能够理解使这一真理变得极易证明的一些原则,那么你们从精神上被奴役的状态中解脱出来的时候就到了,而且你们堪称为理性动物的时期也就快到了。

假如你们的思想状况已经进步到了这种程度,对于你们的幸福来说便是十分值得欢迎的;那时你们马上就不会再把自己所受的祸害归罪于他人。愤怒、报复和仇恨,甚至是有关这些情绪的回忆,都会从你们的心里消除。你们也不会再浪费全部精力在任何同胞身上去寻找自己所受苦难的原因,以致由于产生无尽无休的无谓刺激而损害自己的心灵和幸福。

不会这样! 你们的行为在各方面都将和这种情形相反。你们将一视同仁地认为全体同胞都会在不久的将来成为你们的朋友,并且在谋求人类依据其天性显然注定要得到的实际幸福时成为积极的合作者。某些人现在享受着荣华、富贵、权力与特权,他们所受的教育也让他们重视这一切;你们会向这些人说:"只要你们认为这一切都很宝贵,就把这一切好好地保持下去吧。我们的全部行为和活动都会向你们保证,我们永远不打算夺去其中的任何一部分。非但如此,当你们觉得增加财富是件乐事时,我们也可以在你们现有的财富上再增加一些。我们之间发生冲突的原因将从此消灭。我们已经发现冲突是不理智的、完全无用的。除非为了吸取经验教训,我们绝不追究既往,过去我们全都被迫采取了不理智的行动。但是我们将热情地献身于未来。我们已经发现了真知之光,今后就将根据它行事。"

这一切你们都可以信心十足地告诉较高阶级,他们那些为世俗所尊崇的特权不久便不会再引起你们嫉妒了。这是因为你们如果不和他们竞争，也不去损害原先的环境置于他们手中的任何虚幻的特权，那么你们对于自己的利益就会很快地有一个新的看法，有了这个看法，你们无须干预任何阶级的权利，也不至于使任何人对你们的活动产生反感，就能使自己以及子孙后代解除愚昧和贫困，解除你们历来所遭受的无数苦难的原因。你们能够这样认识自己的真正利益时，就不会向往较高阶级目前所具有的任何虚幻的利益了。

如果让文明世界中这一类人看出人性究竟是什么的话，他们早就会认识到：所谓提升到特权地位，就是把他们送到使他们的后代（除了特别侥幸的以外）对于自己和社会都愈来愈没有用处的环境之中。

他们从小就受到教育，要他们自以为拥有世俗误称为特权的那些东西，因而不可一世。其实特权的唯一真正的作用，是把他们置于一种使他们必然比别人更加无用、更加依赖旁人的环境中。

他们自幼就受到教育（因此应当引起我们的同情而不是责难），要他们采取种种办法来剥夺广大群众生来就应该享有的最根本的利益，以便显示他们这一部分——就人数而论是最不足道的一部分——人的利益与众不同。

这种荒唐的行为在整个社会上产生了一种心理，使世界上所有的人的享受和理智比大多数动物还不如。这种心理就是愚昧自私的本质所在。

你们不久就可以摆脱这种谬误。你们会发现如果以最高的热忱积极努力，使全体同胞都具有与自己相同的特权与利益，从而大大增进全人类的享受水平,使社会上天赋最低的人所分享的持续永恒的幸福比历来最幸运的人凭命运得来的还要多;那么这种努力所获得的快慰和前述行为的结果相去是不可以道里计的。导致前面所说的那种行为的动机是完全不合理的,明眼人一眼就可以看穿;另一方面,驱使你们采取这里所说的这种行为的动机则完全符合一切健全的原理与公正的感情,最最严格的检验也不能从中发现任何错误。

但是我要提醒大家不要采取非特权阶层中广泛存在的那种错误看法。对今天整个欧洲的特权阶级产生影响的,主要不是(那种错误看法却认为是)一心想把**你们**压下去的那种欲望,而是急于保持条件、使**自己**得到舒适和体面的生活享受的这种心情。让他们清楚地认识到,你们将要体验到的改良并不打算、也不可能使他们或他们的后代受到任何真正的损害。恰恰相反,改善**你们**生活状况的那些措施必然会、也肯定能使**他们**获得重大利益,并提高他们的幸福和精神享受。这样,你们很快就会得到他们的合作来实现计划中的措施。有一点你们听了一定会感到满意,这就是我从特权阶级中许多高级人士方面获得了最清楚的证明,说明他们现在真心诚意地希望改善你们的生活状况。但是由于他们出生在那样一个不幸的环境里,所以就不能自己出来提供措施,使你们获得益处,并使他们的环境获得改善,这种改革必须由有实际经验的人来进行。

上面所说的,就够你们的脑子消化一个时期的了。当你们准备接受更多的东西时,保证会向你们提供更多的东西。

不要理会那些只有空幻的理论而没有实践知识的人对你们说

的话。我不怀疑他们当中有许多人是好心好意的。但你们要相信，凡是具有愤怒和暴力的倾向的东西，都是人性中最愚昧无知的部分产生出来的，这些东西说明提出它们的人对于唯一能解除社会长期遭受的祸害的实际措施毫无经验。

长期以来我一直致力于阐明真理，目前公开宣布这些真理对于人类的福利具有莫大的意义。我也一直在逐步地使群众做好心理准备来接受这些真理。在始终笼罩着浓厚黑暗的地方，如果突然透进强烈的光线，就会损害人们很弱的视力。在利益无穷的真理和历代相沿的偏见对立时，必须审慎地把这些真理介绍给那些生来就一直在错误迷津中彷徨的人，否则他们幼嫩的理性胚芽就同样会受到摧残，而愚昧与苦难就必然会继续压倒知识与幸福。

在你们一个接一个地认识这些真理的同时，你们长期受损害的心灵就将获得力量，你们的推理能力也将逐步扩展，最后你们目前认为完全无法理解的关于人性的知识将如你们身边最熟悉的任何其他事实一样简单。

现在我所说的是想使大家做好心理准备，以便接受下列各项结论：

第一，富人与穷人、统治者与被统治者实际上利益是一致的。

第二，目前社会上所流行的观念与措施必然会破坏各阶层的幸福。

第三，对于人性的正确知识将消除人间的一切仇恨与愤怒，并为新的措施铺平道路。在采取新措施时，人们既不使用暴力也不伤害任何人，而会彻底消除社会上现存的一切错误与祸害的起因。

第四，较高阶级一般将不再想使你们处于卑贱的地位。他们只会在为了**你们**的利益而提出的一切改革中仅仅要求把**自己**的利益至少保持在现有的水平上。这种心情是很自然的，你们如果处在他们的地位，也会有这种心情。

第五，你们现在具有一切必要条件，使自己和子孙后代永远摆脱历来所遭受的苦难，但你们还缺乏如何支配这些条件的知识。

第六，这种知识只有在你们对自己同胞的怒火平息之后，才能为你们所掌握；也就是说，你们只有在充分了解并在一切行为中受到下一原则的感召之后才能获得上述知识："以往各代人之所以会成为历史上所出现的那种无理性的人，而且直到现在仍是局限于某一个国家、教派、阶级和党派的心胸狭隘的人（构成目前世界人口的就是这些人），都是由于外力**为个人事**先决定的先天条件和后天环境造成的，这一切现在完全受到社会的控制。"

第七，也就是最后一条，世界以往各个世纪都只出现过人类非理性的历史，到现在才开始向理性的曙光、向人类心灵将要获得新生的时代前进。

罗伯特·欧文

1819 年 3 月 29 日于新拉纳克

致工业和劳动贫民救济协会委员会报告书[①]

致工业和劳动贫民救济协会委员会，提交
下院济贫法委员会，1817 年 3 月

济贫法委员会主席阁下：

承蒙工业和劳动贫民救济协会委员会推荐，谨将下列报告呈
送济贫法委员会。

阁下最荣幸而恭顺的仆人，

罗伯特·欧文

1817 年 3 月 12 日，于
贝德福广场 49 号

[①] 欧文在这篇报告中首次提出其著名的改革社会的计划，并附有计划中的新村
图样。

1816 年夏，由英国上层社会一些知名人士组成的工业和劳动贫民救济协会，在伦
敦中心区酒家集会，讨论救济失业工人问题。会上成立了一个研究救济措施的委员会，
坎特伯雷大主教任委员会主席，欧文被任为委员之一。次日，委员会召开第一次会议，
欧文应邀在会上讲了话。欧文在讲话中指出劳动阶级贫困的原因，但未及提出补救办
法。在委员会的要求下，欧文于 1817 年春写成这篇报告。——译者

诸位勋爵、诸位先生：

　　承蒙诸位提议叫我草拟一份关于工业和劳动贫民总救济计划的详细报告书。现在我很荣幸地提供意见如下。

　　目前，贫困现象在我国已经达到了空前未有的程度，在其他国家程度也不轻。如果要充分地研究救济工业和劳动贫民这一引人注意的问题，就必须追溯贫困现象的主要成因。我们将发现，祸害来自社会所产生的一种状况。因此，对这一点加以阐释，就会提示出遏制的办法。

　　目前贫困现象的直接原因，是人类劳动不值钱。而人类劳动不值钱，又是由于欧洲和美洲工业中普遍使用机械，主要是不列颠工业中使用机械的结果。在不列颠，这一变化由于阿克赖特和瓦特①的发明而大大加速了。

　　社会必需品制造业中采用机械以后，就使这些物品的价格降低，而价格的降低则使需求量增长。这种增长一般说来是非常大的，以致在采用机械后所雇用的劳工比未采用以前还多。

　　这些新机器首先产生的效果就是增加个人的财富，因而提供了一种新的刺激，促使人们继续发明。

　　这样一来，机器的改良便一个推动一个地迅速出现。在几年之间，非但联合王国的工业普遍采用了机器，而且欧洲其他国家和美国也争先恐后地加以采用。

　　个人财富不久就上升而成为一般所理解的国家繁荣。我国在

---

　　①　参见本书第136页注①。——译者

二十五年的战争①中所需用的人力和财力是空前未有的,在这一时期中政治势力所达到的高度使得敌人为之惊慌失措,朋友为之惊奇不已。他们都找不出真正的原因。我国如此稳步而又迅速地进展到这种令人羡慕的境地,看起来似乎我国财富的增殖以及财富所产生的势力都是没有止境的。战争的破坏从欧洲扩展到亚洲和美洲以后,战争本身似乎只是一种新刺激,要我们拿出无穷无尽的资源;而战争的实际效果,也的确发生了这种作用。世界各地青壮年在战争中大批死亡,战争所必需的一切物资(以古今罕见的规模)大量消耗,这样就造成对各种产品的极大需求,使不列颠帝国的工厂主拼命开动自己的工业并使用他们所能发明的一切机器,也难以供应。

但和平终于来到了,而大不列颠则具备了一种经常发生作用的新生产力。我们可以有把握地说,这种力量超过了**一亿**最勤劳的壮年人的劳动。

(我们不妨举个例子来说明这种力量。我国某工厂安装了机器生产,辅助的工人不超过二千五百人,而所生产的产品则相当于苏格兰现在人口用五十年以前通行的生产方式所生产的总量! 大不列颠现在拥有若干个这样的工厂!)

因此,在战争结束时,我国所具有的生产力开动起来所产生的效果,就跟我国人口实际增加十五倍到二十倍一样;而这一切主要是在前二十五年中发生的。因此,大不列颠的政治势力和财富在战争期间飞速增长就不足为奇了,因为这种原因适足以产生这种

---

① 参见本书第 136 页注②。——译者

效果。

但是现在出现了新情况。战争对劳动产品所产生的需求已经中止,市场也找不到了。全世界的收入不足以购买效果这样巨大的生产力所生产的东西,接着需求就降低了。因此,当供应必须缩小时,事实马上就证明机械力比人力便宜得多;结果是前者继续工作,而后者则被机器所代替了。现在用一种比人们过普通生活所必不可少的费用少得多的价钱就能购买人的劳动。

(人的劳动在以往一直是国家财富的巨大来源。现在单是在大不列颠它的价值每星期就几乎要减少不下两百万到三百万镑。因此,这一笔钱,可能是较多或较少的一笔钱,已经从国家的流通中抽了出去,这就必然使得农民、工匠、工厂主和商人大大地贫困下去。)

我们稍微想一想就可以看出,劳动阶级现在没有旗鼓相当的办法去和机械力竞争,因而下列三种情况中必然有一种要出现:

1. 机器的使用必须大大缩减;

2. 如果让机器保持现状,千百万人民就必然要挨饿;

3. 必须为贫民和失业劳动阶级找到有益的职业,并使机器服从他们的劳动,而不要像现在这样用机器来代替他们的劳动。

但在目前的商业制度下,如果一个国家停止使用机械力而其他国家仍然继续使用,那么停止使用机械力的国家就会遭到毁灭。因此,没有任何国家愿意停止使用机械力。即使这种做法是可能的,这也肯定说明了试行者的野蛮。不过任何政府要是让机械力迫使千百万人民挨饿,那就更加明显地说明这个政府的野蛮和极端残暴不仁。这种念头根本用不着考虑。它不可避免地会使所有的阶层遭受前所未闻的苦难。因此,我们应当考虑的只有最后一个结论,也就是说:"必须为失业劳动阶级找到有益的职业,并使机器服从他们的劳动,而不要像现在这样用机器来代替他们的劳动。"

这种变革对我们的福利来说是十分重要的,而且是绝对必需的。要进行这种变革,就必须对社会的真实状况具有全面的看法和正确的认识。

我们必须好好考虑这一措施目前与各方面的关系,它的后果也必须由不受党派或阶级偏见影响的人加以探讨。

时代环境使我们绝对必须改变关于贫民和劳动阶级的对内政策;各阶层中每个人都必须明确的第一个问题是:我们究竟应当让这种变革在节制和智慧的指导下进行,每一步骤都事先预见到并逐步有规律地一一做好准备,从而避免任何时机不成熟的冒进呢,还是让这种变革在忿恨和狂乱情欲的有害影响下,逞一孔之见,愚昧无知地进行呢? 如果忿恨和狂乱情欲取得优势的话,真正热心于改善人类生活状况的公正人士就将从双方的冲突中退出去,社会也就会陷入混乱之中。但肯定地说,历代的经验,尤其是最近二十五年的经验,将使人们明智起来,并使大家愿意平心静气而不动感情地探讨目前危害社会的祸害怎样才能最好地消除的问题。

因此,我要继续讨论这个题目,并将努力说明用什么方式才能使全体贫民和劳动阶级在一种能让机器无限制地得到改良的安排下,找到有益的职业。

在现行的法律①下,失业的劳动阶级是由富有和勤劳的人的财产和产品来供养的。他们消耗了这种财产和产品的一部分,但他们身心两方面的能力却始终没有用于生产。他们常常养成了愚昧和懒惰所必然产生的恶习。他们和正式的贫民混在一起,变成了社会的赘瘤。

大多数贫民都从他们的父母身上学到了恶劣而有害的习惯。如果目前这种对待他们的办法继续存在下去,这些恶劣而有害的习惯就将传给他们的儿女,而通过他们的儿女又会一代一代地流传到后世去。

因此,任何企图改善他们生活状况的计划,都必须设法防止这些恶劣而有害的习惯传给他们的子女,并提供方法,使他们的子女养成优良而有用的习惯。

某些人的劳动比其他人的劳动的价值大得多,这主要是他们所受的教育造成的。

因此,我们必须拟定方法,使贫民的子女受到最有用的教育。

质和量都相同的劳动,在某一种指导方式下进行所产生的结果,其价值会比在另一种指导方式下进行要大得多。

因此,贫民的劳动必须在最好的指导方式下进行。

以某种方式支配他们的消费所得到的利益和享受可能比用其他方式多得多。

因此,在这方面就必须为他们作出安排,以便用最少的费用换来最大的利益。

---

①　欧文指的是济贫法,参见本书第77页注。——译者

贫民的大部分苦难和恶行都是由于他们被置于一种使其表面利益与表面义务互相冲突的环境中，同时也是由于他们受到许多无谓的诱惑的包围，而这种诱惑又是他们的教育所无法抵抗的。

因此，如果把贫民安置在一种能使自己的真正利益和义务明显地结合起来并能避免无谓的诱惑的环境中，这在贫民管理方面将是一项重大的改进。

从这个角度来看问题，任何改善贫民生活的计划都必须兼具各种方法，做到下列几点：防止他们的子女养成坏习惯，使他们养成好习惯——为他们的子女提供实用的教育；为成年人提供适当的劳动——指导成年人的劳动和消费，使他们对自己和整个社会都提供最大的利益；把他们安置在一种远离无谓的诱惑并使他们的利益和义务密切结合的环境中。

这些好处无法分开地给予个人和个别家庭，也不能给予人数很多的聚合在一起的人。

只有把五百至一千五百人（平均一千人左右）集合在一个生产组织中，才能有效地使这些好处变成现实。

现在我要向委员会提出根据上述原则所拟定的计划。我认为这个计划将包含着以上列举的各种好处，并且随着时间的推移它还将带来其他许多同样重要的好处。

有些人没有在贫民之中取得多少实际经验，或者受了他们所偏爱的政治经济学理论的影响（该理论看来可能与这计划相冲突，而这计划看来又非常新颖），他们便可能作出一种轻率或不成熟的判断。因此，我请求把这一计划作为我二十五年来天天都在贫民和劳动阶级中广泛进行工作的经验之谈提出来。在这段漫长的岁月中,我一直片刻不停地留心发现他们陷入贫穷和苦难的主要原因,及其最好的补救办法。

如果对目前提出的这个计划只是随随便便或肤浅地考虑一下,对于这种组合办法所能产生的各种有益效果便不能得到充分的认识,也不能得到一种根据,借以对计划实现的可能性进行合理的估价。

现在我请求委员会注意本报告书后边所附的图样和说明。

图样中前面那块空地上画出的是一个新村和它的附属建筑物,以及适量的土地。在一定的距离以外有另一片同类的新村。

这里画出的方形村每一个足以容纳一千二百人左右,周围的土地大约有一千到一千五百英亩。

在方形村中有许多公共建筑物,把村子分成一些平行四边形。

中央建筑物包括一个公共厨房、若干食堂,以及经济而舒适的烹调和进餐所必需的一切其他房屋。

右边另有一座建筑物,一楼将作幼儿园用,二楼则用作讲堂和礼拜堂。

左边的建筑物将用作年龄较大的儿童的学校,一楼设有委员会办公室,二楼有一个图书馆和成人室。

方形村里的空地将辟作若干运动场和游戏场。这些划定的场地应种植树木。

每一个方形村的三边打算设置住所,主要供已婚夫妇用,每一套房间包括四间房,每一间房足可容纳一对夫妇和两个子女。

村的第四边打算设置宿舍,收容每户超过两个孩子的一切儿童,或者三岁以上的儿童。

第四边的中央是宿舍管理员的住屋;在这一边的一头设有医疗所,在另一头则是接待远道来访亲友的客人的客房。

在方形村子两边的中央,有总管理员、牧师、校长和医生等人的住室。第三边则是仓库,存放全村用的一切用品。

在外边和方形村四周房屋的后面,有许多周围铺设道路的菜园。

紧接在这一切设施的外面,一边是机器厂房和制作厂房。屠宰场、牲口棚等则和村子分开,中间隔着一片田园。

在另一边,则是浆洗房和漂白室等。离村子更远的地方有几间农业作坊,其中有培植麦芽、酿酒和磨谷等设备;周围是田园和牧场等,围篱用果树栽成。

这里提出的计划的规模据我考虑,足以容纳一千二百人左右。

我打算让村里的人兼有各种年龄、各种能力和各种性格的男女和儿童,其中大多数人都是非常愚昧的,有许多人还具有恶劣而有害的习惯,身心能力都很平庸,需要由救济贫民的款项维持生活;这些人目前非但无用并直接形成公众的负担,而且道德影响也是极其有害的,因为他们是社会上滋长和延续愚昧以及某些犯罪行为和恶习的媒介。

显然,如果让贫民继续生活在历代相沿的环境中,他们和他们的子女便将世世代代永无变化地继续像这样下去,例外的情况是很少见的。

要使他们的性格得到彻底的改善,就必须使他们摆脱这种环境的影响,生活在另一种符合人类天性和社会福利、因而一定能使他们的生活获得改善的环境中,而促进这种改善原是各阶级都极感兴趣的。

我对这一问题进行了不间断的研究之后,就设法根据社会情况所能容许的程度,把上述条件结合在附图中所画的新村的安排里。现在我想把这些更详细地解释一下。

方形村内的每一间房住一对夫妇和两个三岁以下的孩子,设备条件可以使他们比住一般贫民房屋舒适得多。

三岁以上的儿童应当进学校,在食堂里吃饭并在宿舍里睡觉。在吃饭时和一切其他适当的时间内,父母当然可以去看他们,跟他们谈谈话;在离开学校以前,他们将受到很好的教育,获得一切必要而有用的知识。我们还将采取一切可能的措施,防止他们从父母身上和其他方面染上坏习惯;并且应当尽最大努力,让他们养成最能终身享受幸福并在所属社会中成为有用而有价值的成员的习惯和性情。

我建议妇女从事下列各项工作:

第一,看管幼龄子女,使住屋整洁有序;

第二,种植菜园,为公共厨房供应蔬菜;

第三,参加妇女胜任愉快的各种工业部门。但每天工作不得超过四至五个小时;

第四,为生产组织中的同人缝制衣装;

第五,轮流值班在公共厨房、食堂和宿舍服务。经过适当训练后,可以照料在校儿童的部分教育工作。

建议年龄较大的儿童根据体力强弱进行训练,让他们每天以一部分时间帮助种菜并参加工业劳动。成年男子应一律参加工业和农业劳动,或参加有利于生产组织的其他工作。

由于贫民愚昧无知,教养不良,加上缺乏合理教育,所以就必须使目前这一代整天积极而有规律地从事本质上有用的工作。但工作方式必须是合乎卫生和有利生产的。以上所说的计划完全可以做到这一点。

建立这种容纳一千二百人的生产组织是需要花钱的,为了提供一个实际的数字概念,谨将开支项目开列如下。

容纳一千二百个男人、妇女和儿童的生产组织的
兴办费用一览表

（假定购买土地）

1,200 英亩土地,每亩 30 镑 ·················	36,000 镑
1,200 人的住房 ································	17,000 镑
方形村的三座公共建筑物 ··············	11,000 镑
工厂、屠宰场和浆洗房 ··············	8,000 镑
300 间住房的家具什物,每间 8 镑 ·····	2,400 镑
厨房、学校和宿舍的用具 ··············	3,000 镑
设有磨房、麦芽室和酿酒间等附属建筑物的	
两座农业作坊 ·······················	5,000 镑
方形村内部的修缮和道路的修筑 ·······	3,000 镑
农场(用锹耕作)农具 ··············	4,000 镑
其他 ································	6,600 镑
	96,000 镑

这个数目由一千二百人分摊,每人平均投资八十镑。如以年利五厘计算,则每人每年平均四镑。

因此,每人每年只需付四镑资本租金这样一个小小的数目就可以使失业贫民能自行维持生活,同时也很容易看出,如果认为必

须收回投资的话,也可以很快做到。

如果土地可以租用,那么资本只需要六万镑就够了。

实现这个计划的方式有若干种。

可以由私人、各教区、各郡举办,也可以由包括许多郡的地区举办,或由国家通过政府全面举办。有些人喜欢这种方式,另一些人则喜欢另一种方式;如果能把各种不同的方式尽量都试办一下,肯定是有好处的,这样就可以使这个计划经过多种不同的实践证明为最好的计划以后,普遍得到采用。因此,它可以由任何一方面根据本地区的条件和自己的看法加以实行。

首要的问题是:筹划一笔足够的款项,购买(或租用)土地,建筑方形村、工厂、农业作坊及其附属建筑物,购置农具并准备其他一切使整个生产组织行动起来。

必须指派专人管理各个部门,直到生产组织内培养出其他人员能够顶替为止。

参加生产组织的人员的劳动,这时就可以用来为自己和子女取得舒适的生活,必要时还可以用来偿还兴办生产组织的投资。

当他们的劳动在明智而易行的制度下像这样得到适当而有节制的使用时,我们很快就会看到,他们的劳动用来供应人类一切合理的需要是绰绰有余的。人类可以学会使自己所生产的东西比消费的多。但如果不提供条件来实现这一原理,而光是承认这个原理的正确性,那又该是多么空洞而无聊啊!现在可以用最有利的方式来实现这一原理的时候已经到了,同时,社会状况迫切要求人们采取一些措施来减轻富有而勤劳的人所负担的日益沉重的济贫税,以及减轻贫民本身日益加深的苦难和免除他们堕落的时候也已经到来了。

我们现在对于贫民和劳动阶级的行为是怎样矛盾百出而又不公平，简直难以用言语形容。我们听任他们完全愚昧无知，听任他们养成恶习和犯罪的习惯；同时他们不断地受到必然会产生这一切后果的种种诱惑的包围，好像我们有意要使他们保持愚昧和恶习并使他们犯罪似的。

长期的痛苦经验已经有力地证明现行的贫民管理制度（毋宁说毫无制度）是不适用的。

我们每年为了救济贫民而征集的巨额款项都在毫不考虑社会公平的原则或经济的原则下就把它浪费掉了。这笔款项对懒惰和恶行的报酬大，对勤勉和美德的报酬小；这样就刚好加深了它所要服务的阶级的苦难和堕落。不论款项多大，如果用这种方式去管理，就绝不可能产生其他效果：反而只能是这种开支越大，贫穷和苦难也就越大。

但我们不能也不应当让贫民和失业劳动阶级听天由命，否则其后果就必然会使我们全都陷于不幸的境况中。我们现在让他们受着愚昧的支配和环境的影响，这种环境影响对他们的勤勉和道德都是一种致命伤。在这种情况下，我们都容易看出，如果只以金钱的形式送给他们一份年金，非但无益，反而有害。不能这样，相反，我们应当提供条件让他们通过自己的劳动赚得一种可靠而舒适的生活，其管理制度不但要指导他们如何以最有效的方式进行这种劳动和支出这种劳动工资，同时还要把他们安置在最有利于增进道德和幸福的环境中。总之，原先我们是让他们的习惯继续受到最坏的影响，或者说是任其自流，从而在无意中产生了罪恶，使得我们的刑法必须从严。现在不能这样，我们应当建立一种防止贫穷和犯罪的制度，那样，我们的刑法很快就会只限于在一个狭窄的范围内应用。

我认为，这计划的大纲不论怎样说得不完全，但在本报告中总算已经把它提出来并作了概述。

我们也许可以抱有这样一种希望：我国政府现在已经充分感觉到必须抛弃迄今为止我国有关这一问题的全部立法措施所根据的原理。做不到这一点，我国就无法保持永久的安全。我们必须把预防性的原则当成立法活动的基础，否则就不能指望任何措施会超出临时局部办法的范围，这种临时局部的办法将使社会不能进步，或者还会使它陷于比现在还要坏得多的境地。

假如政府具有这种信念，那么，我们所提的贫民和失业劳动阶级的管理工作的变革由国家指导就比由私人指导好得多。

事实上，这个计划在没有成为全国性的计划以前，对整个社会的许多好处是无法实现的。

目前提出的这份实用大纲如果能获得批准并引起议会注意，那么第二步应当考虑的就是：在什么方式之下实现，才能尽量避免浪费时间，而且在目前和将来都不会损耗国家资源。

根据本计划的原理建立生产组织所需要的费用，可以通过下列方式筹划：统一支配某些公共慈善机关的基金，或划一济贫税并用济贫税作担保借款。所有贫民，包括公共慈善机关所属的在内，都应移交国家管理。

（要不然，这笔费用也可以用下列方式筹划：向现在拥有闲置的剩余资金的私人借款、借用偿债基金或者采取其他被认为是较好的财政措施。我们所建立的生产组织由于人们在土地上进行劳动,将飞速增长其价值,不久以后对于一大部分购置财产所费的款项就将成为一个充分的担保。)

这样一来,劳动和资金就将十分充裕了。

我们应当到全国视察一次,为这些工农业相结合的生产组织确定最适宜的地址。

全国各地最容易取得的、最宜于建立这种生产组织的地产应当公平论价,由国家以永久租赁的方式和其他方式购买,然后由适当人选根据需要进行设计。贫民和失业者在指定监督各部门工作的专人的指导下可以把劳动最有利地用到各项工作上去。

我们不需要再添任何新东西了,所需要的只是在全国范围内天天切实执行。

土地和房屋不但将具有原来的价值,而且由于计划的进展,价值还将大大提高。这些公社的所有邻区都将普遍分享公社必然广泛实现的普遍改良的益处。

当我们采用了这些措施并付诸实践以后(为了永远解除国家的贫困,这些措施迟早是必然要采用并实现的),就将取得新的而又卓著的成效。土地和劳动的实际价值都将上升,而它们的产品价值则将下降;机器对于社会也将具有更大的用处和利益,人们将采取一切办法鼓励推广机器,并将 *ad infinitum* [①] 推广下去,但它不会和人的劳动竞争,而只会有助于人的劳动。

实行这种计划以后所得到的好处,可以总括为下面几点:

---

① 拉丁文:无限,永远。——译者

1. 一个肤浅的观察者可能认为,这样一种救济失业贫民的制度是很费钱的,但懂得这种组合办法的全部后果的人经过深思熟虑以后就会发现,它是迄今人们所拟定的一切制度中最经济的一种。

2. 许多失业贫民现在都处于极端愚昧的状态,并且养成了恶习。这些祸害在现存制度下似将永世延绵不绝。这里所提出的计划可以提供最可靠的办法,在二三十年之内克服他们的愚昧和恶习,并且会使一切有关方面和每个开明人士都感到满意。

3. 社会上最大的一些祸害是由于人类受了互不团结的教育而产生的,这里所提出的措施将促使人类团结起来,为了共同利益去追求共同目标。办法是提出简易可行的计划,逐渐消除人与人之间产生分歧的原因,并使他们的利益和义务极为普遍地统一起来。

4. 这一制度还将提供最简易和最有效的方法,使所有失业贫民的子女养成最优良的习惯和情感,因为社会将能够决定儿童应当养成什么习惯和情感,或养成什么性格。

5. 这个计划也将提供最有力的方法,改进目前贫苦失业的成年人的行为和习惯;这些人从小就完全被社会忽视了。

6. 由于本计划作了特殊安排,贫民将能取得比以往更有价值、更实在和更持久的享受,作为自己劳动的报酬。

7. 这个计划将防止任何人沦为贫民或容易遭到这种不必要的堕落,从而在二三十年内就使人们无须缴纳济贫税和任何慈善捐款。

8. 它将提供条件,使欧、美两洲人烟稀少并认为必须增加人口的地区逐渐得到所需的人口增殖,还可以在必要时在指定的地区内使人口大大增殖的居民获得舒适的生活。总之,它将提供条件使采用国的实力和政治势力增加十倍以上。

9. 实行这个计划是非常容易的,比在新情况下建立一座新工厂所需要的才能和力量要少得多。许多能力平常的人已经建立了组合方式比上述生产组织复杂得多的新村。实际上计划所规定要进行的事情没有一件不是一般社会中日常都在进行的,而这些在我们拟定的制度下完成起来也没有一件不更加容易。

10. 这个计划将有效地使工业和劳动贫民摆脱目前深重的灾难,而不致激烈地或过早地干预现存社会制度。

11. 它将使人们可以尽量地发明和改进机器,因为根据这里提出的办法,机器的每一种发明和改进都将有助于人类的劳动。

12. 最后,社会的每部分都将由于贫民生活的这种变化而获得实际的好处。

看来根据这里提出的原理所拟定的计划,对于保证社会福利来说是绝对必要的。同时,成千上万的人现在正在贫困之中挣扎,而我们目前的资源却至少可以绰绰有余地使四倍于目前的人口获得良好的教育和职业,并维持安适的生活;为了清除这种令人痛心的现象,这一计划似乎也是绝对必要的。

罗伯特·欧文

新社会观问答①

（1817 年 7 月 30 日载于伦敦各报纸）

致 编 者 函

编辑先生：

　　鉴于最近要召开一次会议②，讨论我所提出的关于救济贫民和失业劳动阶级并革新其精神面貌的计划，我认为必须使大家预先进一步了解这个计划所根据的原理，以便往后能更全面地理解计划的细节。因此，早日发表下列文章，就将有助于实现我这一目的。

你的心怀感激的，

罗伯特·欧文

1817 年 7 月 25 日于波特

兰广场，夏洛特街 49 号

---

　　① 欧文于 1817 年 3 月向下院济贫法委员会提出救济计划，没有得到该委员会的支持。为争取实现其理想，欧文在报刊上发表其计划和有关论述，并在公开集会上讲演，与反对派展开争论。1817 年夏欧文购买数以万计的载有以上论述及集会活动的伦敦报纸，邮寄全国各教区牧师和各城市的主要官吏与银行家、两院议员以及其他知名人士，并曾自费印行几万份广为宣传。——译者

　　② 即 8 月 14 日在伦敦中心区酒家举行的公开集会。——译者

致工业和劳动贫民救济协会委员会报告书中所
提计划的补充说明兼答质难;关于弗赖伊夫人
和其他教友会慈善家在纽盖特女监实行本原理
后所得效果的叙述;个人经历概述

一般人都知道并且也承认,贫民和劳动阶级由于一些明显的
原因正遭受着比以往任何时代都更深重的苦难。但是国家具有极
充分的条件可以解除他们的痛苦。我曾经提出过一个计划,使政
府、教区或个人可以实现这些条件。这个计划已经广泛流传,并且
如所预料,纯理论家或完全不了解实际情况,因而对这一问题无法
具有实用知识的人提出了许多反对意见。此外,关于细节方面也
发生了许多误解,某些乐观和悲观的人都认为这是我这个计划必
然会遇到的情形。为了用最直接的方式回答前一种人的反对意
见,并消除后一种人的误解,我便以问答的方式来谈一谈这个
问题。

我的原理和计划现在已经更全面地摆在公众面前了,如果其
中含有错误,或者计划不能实行,那么许多人就有责任加以揭露。
但这计划经过考察后,如果证明原理是正确的,而且也是容易实行
的,同时它又能使贫民和失业劳动阶级摆脱使他们受害匪浅的悲
惨苦难和堕落状况,那么所有宣称希望改善低级阶层生活状况的
人就同样有责任立即行动起来,使这一计划付诸实现;以便使得那
些由于缺乏充分的卫生食品和适当的教育而普遍产生的不应有的
苦难和堕落,不致在明年无益地继续下去。

———————————

问：你是新拉纳克工厂和新村的主要所有主吗？那里的事情由你一个人负责指导和管理吗？

答：是的。

问：你经营这个生产组织有多长时间了？

答：到八月间就十八周年了。

问：新拉纳克的居民是些什么样的人呢？

答：主要是纺纱工人，但也有铸铁匠、铸铜匠、铁匠、锡匠、磨坊修建工、木材旋工、金属旋工、锯木工匠、木匠、泥水匠、瓦工、油漆匠、陶瓷匠、裁缝、鞋匠、屠夫、面包工人、店员、农民、劳工、医生、牧师、青年人的导师、各部门的男女管理员、办事员和警察等，这些人组成了一个各行业与工人的混合社会。

问：你在经营新拉纳克的工厂以前，是否具有在劳动阶级中工作的经验呢？

答：有的。去新拉纳克以前，我曾在曼彻斯特及其附近经营大型工厂有八年左右，工厂雇用了很多男工、女工和童工。

问：你这些年来在管理和照料这么多人的时候，主要的目的是什么呢？

答：寻求改善贫民和劳动阶级的生活并使雇主获得利益的方法。

问：关于这一问题你现在得到了一些什么结论呢？

答：劳动阶级的生活状况很容易得到重大改善，他们的天赋能力对于他们自己和整个社会都可以作更有利的运用，而不致对任何阶级或任何个人造成任何损害。

问：在改善你所管辖的人的生活状况和道德习惯方面，你是不是获得了全面的成功呢？

答:获得了。就我所必须应付的障碍和我克服障碍的感化力的性质来说,不成功的例外比我所预计的还要少一些。

问:这些障碍是什么呢?

答:他们愚昧无知、教育不良,因而养成了酗酒、偷盗、欺骗和不爱清洁的习惯;他们的利益互相对立;他们具有教派感情;他们在政治和宗教方面都有强烈的民族偏见,反对外人改善他们的生活状况的一切企图;此外,他们的工作的性质也是有害健康的。

问:你在克服这些障碍时所遵照的是哪些指导原理呢?

答:我所遵照的只是预防原理。我没有把时间和才能浪费在考虑千差万别的个人效果上,而是耐心地研究产生这些效果的原因,并努力加以消除。这样我就看出,同样的时间和才能用在预防的办法上比用在强迫和惩罚的办法上所得到的效果要大得多。比方说,在酗酒习惯方面,我发现受到熏染而养成酗酒习惯的人如果留在不断引诱他们保持这种习惯的环境里,那么从个人方面去下工夫完全没有用处。对这种问题我当时所采取的第一个步骤是:在酗酒者清醒时使他们认识到消除这种诱惑的好处。这一点如果用适当和温和的方式进行,是不难做到的。第二步是消除这种诱惑。接着,恶习本身以及它所引起的一切无穷的有害后果可以全部消除了。整个过程完全理解了以后,事情便非常简单,而且具有普通才能的人都可以很容易地完全做到;社会也可以毫不走弯路地迅速得到改进。如果以往一直影响着人类行为的观念依然占优势,并且成为行为的准则,那么社会就不可能获得重大和巩固的改进。这些观念使人们只注意效果,同时由于缺乏有成效的探讨,于是人们便得出结论说:不论产生这些恶习的真正原因多么有害,人类都无法加以改变或控制。现在支配着全世界的正是这些观念。但事实证明,真理同这些观念完全相反。因此人们应当注意事实,而且只注意事实;这样一来他们就会清楚地看出自己可以很容易地消除产生恶习、错误和犯罪的真正原因;而且不难以其他因素代替,其必然产生的效果是:整个社会普遍养成良好的习惯、正当的情感,以及仁爱、宽宏和高尚的行为;这种行为并不带有使人们冷酷无情,从而使他们对于因教育关系而与自己见解不同的人采取不公正态度的那些偏见。根据这一点,我们必然会得出一个结论:如果要改善人类生活状况而又不根据密切、正确而坚持不懈地注意事实的原则,那就是十分荒谬和无济于事的,正如同希望不毛之地和恶劣气候自动丰产、希望最黑暗的深渊不断大放光明一样;也正如同希望一个人在陷于愚昧之中、身受许多有害诱惑包围的时候比起他在个人利益、个人义务和个人感情都永远统一的环境下被教育得既聪明又积极的时候更善良、更聪明和更幸福一样。我们一方面让那些必然使人类陷于愚昧、放纵、懒惰、偏激、邪恶、犯罪和一切有害情欲的原因继续存在,同时又希望或期待人类的情形与此相反——这正像是违背全世界的一切经验而竟然幻想原因可以不再产生其自然结果那样地愚蠢。因此,对于那些受现有环境的影响而养成恶劣的品质(对他们自己比对旁人更加不幸)的人施加惩罚,是毫无正确的判断和毫无理性的行动。

问:你的一切实践都是根据这些原理吗?

答:是的,我所得的结果没有一次使我失望;相反,每一次都超出我最乐观的希望。我认为,这些成功并不是由于我有超人的天赋或者早年得到任何有利条件,因为我根本没有这些;这完全是由以下两种偶然条件而来的:(1)早年就被赋予一种能力,部分地看到了社会采取预防制度后将获得重大利益;(2)一贯地根据下一个众所周知的事实行事,即"人的性格永远是由外力为他形成的,而不是由他自己形成的"。

问:在你担任新拉纳克的地方长官时,当地居民向你提出过多少诉讼案件呢?

答:在过去许多年当中一件也没有。

问:当你注意到这个问题以后,你认为现在贫民和劳动阶级所遭受的苦难是由什么原因造成的呢?

答:这是因为我国现有的自然生产力和人为生产力的利用,对产品的需求来说是不得当的。目前有大量人类的体力和脑力所构成的自然力非但完全没有用于生产,而且对于国家形成了一个沉重的负担,这方面的制度还使道德迅速败坏;而我们一大部分人为的或机械的生产力却用来生产对于社会没有什么真实价值的东西,而且生产时目前又给生产者和社会上很大一部分人带来了无数极为有害的祸害。这些祸害通过这些人传播到了全体人民身上。

问:你根据自己的经验,是否能提出一个方法,使这些生产力得到更有利的运用呢?

答:经验使我们认为这些生产力对于社会和个人都可以作更有利的运用,并且可以很容易地被用来迅速消除劳动贫民目前的苦难,使国家逐步达到空前未有的繁荣。

问：这一点要怎样才能做到呢？

答：要作好妥善的安排，雇用有工作能力的表面过剩的劳动贫民从事生产性的工作，以便使他们首先维持自己的生活，然后再为国家负担起自己应负的那一份开支。

问：有没有方法使劳动阶级中失业的人获得工作呢？

答：在我看来，国家具有充分条件，只要加以应用就可以办到这一点。这些条件包括：闲置未用和耕种不良的土地、经营无利的金钱、闲散的劳动力（他们败坏道德因而给社会带来各种罪恶），以及几乎无限的人为生产力或机械生产力（可以用来达到最重大的目的），等等。这些条件只要加以适当的组合和运用，就可以很快地解除国家的贫困以及随之而来的祸害。

问：怎样才能运用这些条件呢？

答：把这一切条件实用而有利地组合起来，以便建立有一定限度的公社，这种公社以联合劳动和联合消费为原则，以农业为基础；在公社中大家的利益是一致的和共同的。

问：你提倡这种组合人力的办法有何根据呢？

答：因为我知道每一个人通过这种方式所得到的好处比他们完全为了个人而做任何工作时都优越。

问：这些优越的好处是什么呢？

答：根据联合劳动和联合消费的原则，以农业为基础组成的五百至一千五百人的公社，可以给劳动贫民带来下列各种好处，并且可以通过劳动贫民把这些好处推广到其他各个阶级，因为社会各阶级的各种真正利益都必然来自劳动贫民。在这个制度下一切个人的劳动都将在自然的和有利的方式下加以支配：首先是为他们自己的舒适生活丰富地取得一切必需品;其次他们就将获得条件,使自己改正目前不健全的社会制度强使他们养成的许多恶习(实际上几乎是全部恶习);接着就可以使年青的一代只获得最好的习惯和性情,这样就可以消除社会上造成人与人之间的隔阂的条件,并代之以另外一种条件,其整个趋势将使人们团结在大家都能清楚地理解的总利益之下。往后他们就可以培育自己本质中远为可贵的部分——智慧的部分。这一部分本质加以适当的指导时就能发现还有多少东西可以实际用来促进人类的幸福。

　　然后他们就可以进而生产必要的剩余物资来偿付购置整个生产组织(包括一切附属部分)的资金的利息,也就是说偿付资本的租金。最后,他们还可以根据自己财产价值的大小,为国家的紧急事件充分贡献应有的一份力量。在这种安排下,他们就可以给国家的政治势力增加一份现在很少有人能估价到的新生力量。

问:你所说的办法如果是切实可行的话,人们为什么又对这个计划提出许多反对意见呢?

答:现在世界上的人对于以上所提出的组合办法还没有经验。我很清楚:大部分人将产生许多疑难和疑虑。但如果分别加以解释,这些反对意见就可以消除。我有近三十年的经验,加上我一直不间断地、诚恳地和不带偏见(我希望如此)地注意这个问题,因此我事先已经有了信心,认为这些反对意见是可以消除的。

问：比方说，从济贫院和贫民习艺所①的普遍情形来看，能不能用
　　一般的办法使贫民和劳动阶级联合在一起热情地工作呢？

答：按照贫民过去所受的培育以及即使是最好的济贫院和贫民习
　　艺所的目前情况来看，这些救济机构产生了不利的后果是必然
　　的事。贫民原先都普遍地生活在极端愚昧的状况中。他们被
　　送到同一个地方以后，彼此便经常接触，但又没有任何一种大
　　家都能理解的互相团结的原则。由于他们养成了恶习，同时又
　　缺乏正当的培育，所以就不能从彼此的幸福中发现共同的利
　　益。根据这些济贫院的现有组织来看，院方不可能采取有效措
　　施来克服恶习或进行正当的培育。济贫院和贫民习艺所的创
　　办人对于人性的知识只是一知半解，对于政治经济学的正确原
　　理更是一窍不通。但是建立起这种工农新村以后，就可以产生
　　完全不同的后果；像这样组合在一起的个人之间彼此对立的大
　　部分因素就可以消除，并代之以能使他们互相帮助、利益一致
　　的其他因素。

问：人们如果处在有着共同而互相结合的利益的公社中，还会像为
　　个人利益那样勤勉工作吗？

答：据我看，他们不会那样勤勉工作的看法是一种流行的偏见，完
　　全没有事实根据。在进行这种实验的地方，每个人都是心情愉
　　快地劳动着。我们发现，人们为了共同利益在一起工作，比被
　　雇去按天或按件挣工资而工作对自己和社会都更有利。当他
　　按天受雇时，对工作不感兴趣，只是图挣工资而已；而按件工作

_____

① 参见本书第 28 页注①。——译者

时则劲头过大,往往工作过度,以致引起疾病、未老先衰和过早死亡。如果他们和其他人在一个利益一致的公社里工作,那么这两种极端就可以避免了;劳动将变得既有节制又有效率,并且很容易管理和调整。此外,现在原理和实际办法都很明确,我们可以据此使年青一代获得从最懒惰的到最勤勉的任何习性。

问:但是这些人不会为了财产的分配和占有而争吵不休吗?

答:当然不会。目前个人的劳动和开销都支配得非常愚蠢、浪费而又要吃很多亏,以致人民大众不十分操劳和操心就无法获得充分的东西来维持一种一般过得去的生活。因此,他们便不得已而把自己费很大力气得来的财产捧在心上,守得极牢。于是在一个肤浅的观察家看来,这种感情便似乎是生来就深植在人类本性中的一样。但是任何结论都不可能比这更加荒谬。如果人们处在一个无须焦虑不安、只需有节制地工作就能得到丰富的生活必需品和享用品的环境中,他们就会受到熏陶,对于财产的分配不再发生争吵,正像对待现在大家都可取用的流水这类自然产物一样。他们也不会希望积累过量的财产,正如同他们现在不希求有过多的自然产物一样。我还要补充一句,在这计划下,每个人很快就会发现自己完全不必操心就可以获得自己享用的东西,其数量比他在现行贫民管理制度下费尽心血、备尝艰苦所得到的还要多。

问:才能高而又心地淳厚的人是不可多得的,这种生产组织是不是没有这种人就办不好呢?

答:关于这一点,我也是认为由于人们还没有充分了解这个计划所根据的和进行时所应当遵循的原理,所以便产生了一种误解。在济贫院等机构的管理制度下,行动不是协调一致的;每个人都感到本身的利益和旁人的利益相冲突。实际上这些机构是一般社会所流行的同类错误的结合体。在一般社会里,大家所处的环境使人人的意愿都互相冲突,以致具有非凡精力和杰出才能的人都无法施展其才能。但在另一种组合方式下,具有这种精力和才能的人就可以产生广泛和最有益的效果。根据我个人的经验来看,我可以断言,在这种新村的管理工作中可以采取一种方法和规章,使每个略具才能的人都能把这些新村管理得使他们所指导和照料的人个个感到满意,自己也会感到无上快慰,而且对于国家也有难以言喻的好处。我们可以找到许多人在短期内就能担任这种管理工作,并且满足于这种新村所能提供的生活和享受而不要求任何报酬,这种生活费用每年还不到二十镑。

问:你所提出的这种办法会不会使人养成刻板式的呆滞个性,会不会抑制天才,从而使世界在将来失去进步的希望呢?

答:在我看来,情形恰恰与此相反。新村所提供的条件将从一切方面鼓励大家,使他们只培育和发扬个性中最优良的一面,办法是:使居民受到用其他方式无法获得的有价值的教育,同时还给予他们以充分闲暇,无忧无虑地根据天性之所近,发展他们的能力。当他们这样在早年养成节制的习惯,并对事务具有正确认识,同时又充分相信自己的努力是为了全人类的利益的时候,用我们现在的概念就很难想像受那种培育和处在那种环境下的人能做出些什么来。至于可能产生刻板式的呆滞个性的问题,我们不妨稍微想想人们成为新村居民后的情形,考虑一下他们在将要遇到的环境下所形成的性格必然是哪种性格。他们从出生起就将始终受到仁慈的待遇,并将受到理性的指导,而不会受到纯粹的贪欲、懦弱和愚昧的指导;他们所养成的习惯没有一种会再需要去掉;他们的体力也将受到锻炼而得到应有的精力和健康;他们的智能将从世人以其经验和创造才能获得并加以证实的一切有益事物中取得正确的论据,他们的思考力将被训练得只会作出公正而不矛盾的结论,同时每个人又都可以自由地发表这些结论,并和其他的结论比较,因而就可以用最简单而迅速的方式纠正在其他情形下可能发生的错误。这样培养出来的儿童,以及处在这种环境下的成年人,很快就会成为一批身强力壮、积极有为和精力充沛的人,而不是刻板式的呆滞人物。他们由于教育而具有最仁慈和最和蔼的性情,他们的教育也使他们不存在自私的动机,因此便不可能存在任何专门为个人打算的想法。只有在某种程度上消除了目前笼罩着全社会的阴暗气氛以后,人们才能部分地认识这种新村的好处。在那里,有天才的人绝不会受压抑,而会得到一切帮助,使他们怀着无限喜悦的心情发挥能力,并为人类创造最大福利。总之,经验将证明,反对《新社会观》的意见中最无价值的,就是认为新村不能也不打算教育人们在科学、艺术和一切知识中得到最大发展这一意见。

问:这种新村是不是很费钱,兴建时要不要花许多钱,这笔钱容易筹措吗?

答:这方面的开支将证明是最经济的,这笔资金可以毫无困难地随时筹得。我国和其他各国的战争开支所引起的大量预定收入已经没有了,接着便出现了最严重的贫困现象。唯一补救的办法是大大增加开支,把它用在至少可以再生产出投资利息的劳动方面,以及在业的体力劳动者和脑力劳动者的报酬方面。这种新村提供了投资条件,其保证对于国家来说应当认为是最有价值的。像这样花费的每一先令都将使国家有所收获、有所改进,将使受雇者获得丰富的生活资料,并使其精神面貌为之一新,此外还将使投资获得五厘利息,而财产的内在价值则每年都将迅速增长。假使国家情势允许像这样缓慢地进展,那么我只要看到国家试办少数几个新村也就满足了,因为我很清楚,大家都会看到这种计划同雇佣劳动阶级的其他一切计划比起来具有许多便利和优点。但我知道,我国和欧洲的特殊环境都不能容许像这样缓慢地进展。我们必须使体力劳动恢复价值,而这一点又只有在田地里工作才能做到。大家充分而清楚地了解实行这一办法的方式以后,就会马上发现:在我们现有的知识中,没有任何办法能像这个计划这样为个人和国家产生无穷的利益。有了这种信念以后,人们就会感到一种迫切的需要,他们会自然而然地要求支出大笔费用,以便迅速推进这些为劳动阶级和年青一代增进健康、安乐、进步和幸福的救济机构的兴建工作。

问:如果建立了许多这样的新村,会不会使已经充斥的工农业劳动产品更为增多,以致找不到市场,因而伤害国家目前的农业、工业和商业呢?

答:对于这一部分问题现在任何人看来都没有足够的理解,还需要更好地认识一下。试问对社会有用、为人们所喜爱的产品会不会嫌多呢？如果生产这种产品所花费的费用和劳动最少，使劳动阶级遭受的痛苦和道德堕落的程度最小，同时对较高阶级的财富报酬又当然最大，这难道不是对所有的人都有利吗？如果所有的产品在生产时所费的劳动都最少，而其方式又使生产阶级得到最大的享受，那便一定符合所有人的利益。要实现这种令人向往的目标，最好建立工农业相结合的新村、贫民工艺社、郡立或地方劳动贫民生产组织或任何其他名称的机构。诚然，当这些机构的数目增加时，如果社会允许的话，它们就可以与现有的工农业体系相竞争。如果社会不允许的话，它们也能只限于生产自己直接需要的那些数量。根据自身的组织性质，这类机构不会有任何理由生产不必要的剩余物资。但是当社会认识了自身的真正利益时，就会容许这种新的生产组织逐步代替其他组织；因为后者是极其使人道德堕落的，并且跟工农业雇工的提高和福利是直接对立的，因而跟其他较高阶级的福利和幸福也同样是对立的。我们完全知道工业体系中的居民陷入了怎样的痛苦和罪恶的境地，我们也知道农业劳工的愚昧和堕落，唯有把社会上这一部分人像这样重新加以安排才能消除这些严重的祸害。

问：这些生产组织会不会使人口的增加超出生活资料所能供应的限度，以致对社会的福利来说人口增加得太快呢？

答：我对这方面完全不担心。每一个从事农业的人都知道，目前的农业雇工每人所能生产的食物都比他所能吃的食物多五倍或六倍。因此，在土地尚未充分开垦的时候，农业雇工所得到的便利条件纵使不比现在更多，自然界中也不会有"人口对生活资料产生压力"的必然趋势存在。毫无疑问，以往一直迫使人口对生活资料产生压力的是那种跟社会的普遍福利相冲突的个人利得原则所产生的人为供求律。根据个人利得原则行动的必然结果是，人们在平常年景中总是把粮食的供应限制到刚够世界上的现有人口按照当代的习惯消费的数额上。因此，在丰收年景里，粮食就会根据丰收的程度而发生剩余，粮价也就因之跌落；在歉收的年景里，粮食则会根据歉收的程度变得又少又贵，因而跟着就会发生饥荒。但是对这一问题有任何了解的人都丝毫也不会怀疑：人们在世界上最严重的饥荒发生前的一个时期里，都具有充分的条件可以生产出绰绰有余的粮食储备，只要他们知道怎样作出适当的安排。不论考虑过这一问题和写文章讨论过这一问题的聪明人怎么想法，人口实际上每年总是一个一个地增加的，我们也知道增加的最大限度——它是按算术级数增加的，而且只能如此。然而人们以他的天赋能力加上现有科学知识的帮助，在适当的指导下进行生产时，就足以使他生产出比他所能消耗的多十倍以上的粮食。因此，在全世界还没有整个变成一所精心培植的种植园的时候，害怕人口过剩产生祸害的想法，经过适当和正确的考察以后，就会证明只是人们想出来的鬼怪，只能使世界保持不必要的愚昧、恶习和犯罪行为，只能妨碍社会达到其应有的状况，也就是使人们不能受到良好的教育，不能在相互充满着善意和仁爱的贤明制度下变得积极、高尚和幸福；这种制度可以很容易建立起来，并且扩展到全社会的每一个支系中。

问：像这样改变低级阶层的一般习惯和现有安排，是否会使体力劳动涨价呢？

答：我的宗旨是综合各种方法完成我个人认为国家的现状所必然要求的目标，同时还要避免社会由于贫困和道德极度败坏而产生的激烈解体；这种贫困和道德败坏时时刻刻都在发展，如果不采取有效措施加以遏制，就会一直发展下去。我看到贫民和劳动阶级所处的环境必然会使他们和他们的后代遭受苦难。如果再任其自流地让他们像这样长期继续下去，他们就会进一步堕落，并以暴力推翻整个社会制度。为了防止这种灾难，就绝对必须改变他们的习惯。但如果不改变关于他们和年青一代的现有生活安排就办不到这一点。如果我所提出的计划在各部分和整个组合方式上都比以往所提出的任何计划完整得多，甚至是完整得无法比拟，如果立即逐步实现这种计划并不会使社会受到丝毫震动，或过早地扰乱现有制度，那么现在就已经是时候了，现在的环境已经有充分准备来接受这种计划了。我有充分的信心认为，这种制度纵使人们由于错误的个人利益而企图加以阻挡，纵使有各种各样的反对，也必然会实现并巩固地建立起来。这种制度的确有这样一种性质，一切的反对都只能加速它的建立，并使它的原理在整个社会中更普遍和更深入地巩固下来。在将近二十年当中，我一直默默地为这一目的准备条件，而且准备得很完整了，足以实现打算达到的一切目标；因此在我国和其他国家中，人的未来的福利可以说已经得到了保障，不会再怕遭到意外了。让劳动阶级为了共同的目标而进行联合劳动和消费，对他们的后代进行适当的教育，同时又把他们安置在事先为全体居民安排好的环境下,便可以创造并保持当前社会的安全、个人的现在与未来的安乐与幸福,以及全体人类的终极福利。因此,我可以深信不疑,现在不论人们怎样勾结起来,都无力阻挡这种制度的巩固建立。说完这段话以后,我还必须补充一点:关于这一问题我所得到的认识,是长期和广泛的经验使我无法不得到的认识。一般人在同样环境下也必然会得出同样的结论。我相信这些原理没有一条需要有任何创见才能提出,自从远古以来,贤人哲士就一再主张和反复推荐过了,甚至就是把这些原理在理论上加以组合也不是我首创的。据我所知,早在 1696 年约翰·贝勒斯①就发表而且极其精辟地向人们推荐并主张实行这些原理。他没有借助于任何实际经验,但是极其明确地按照当时已知的事实说明了怎样才能运用这些原理来改进社会。这就说明他的智力足以考虑人们要到一百二十年之后才能考虑的问题。他的著作看来是十分新颖而又有价值的,所以我发现以后就一字不改地把它重印出来,以便和我关于这个题目的论文装订在一起。从效果上讲,这个计划如果比以往人们所想到的任何其他计划都准能对人类产生更实际和更持久的利益,那么原来发现这一

---

① 约翰·贝勒斯(1654—1725 年),英国经济学家,强调劳动对财富形成的意义。1696 年贝勒斯发表《创办一所一切有用的手工业和农业的劳动学院的建议》(*Proposals for Raising a College of Industry of All Useful Trades and Husbandry*)。这本小册子叙述了一项"富人可以获利、穷人赖以温饱、儿童能受良好教育"的改革社会的空想计划,引起了欧文的注意。马克思在《资本论》里引证了贝勒斯这篇文章和其他一些著作,称他为"政治经济学史上一个真正非凡的人物"(参见马克思:《资本论》第 1 卷,第 535 页,第 309 注,人民出版社 1975 年版)。——译者

计划的一切功劳便完全应当归于约翰·贝勒斯。

问：你是不是肯定地认为土地、劳动和资本能在一种新组合方式下加以运用，使其对各方面都产生比现在更有价值的后果呢？

答：如果我在长期的经验和广泛的实践中得到了任何明确的认识，那么我就可以有把握地作出不怕任何人反驳的结论：任何一定量的土地、劳动和资本都可以加以组合，其所能供养的人数至少可以超过其现有人数的三倍，而其享受则可以等于目前我国已有的办法所能维持的十倍。土地、劳动和资本的内在价值自然也能以同一比例增加。因此，我们现在就具有充分的条件，可以毫不迟延地促使国家的繁荣达到我国空前未有和其他国家闻所未闻的高峰。任何人如果认为这些都是没有确实根据的空话，或者认为是虚无缥缈的幻想计划，那么他们就大错而特错了。因为这些计划是我在耐心不倦地注意寻求正确而实际的论据、并经过无穷无尽的各种试验能作出正确的结论后才得到的结果，这样就使那些书生之见的理论受到纯正的真理的考验。在这一过程中我越来越相信单纯的理论是错误的，而且对人类从来就没有产生过什么真正的价值。然而关于我所说的一切，我并不期望大家怎样信任，而只是希望我的说法能使大家公平地试试这个计划。如果我错了，其损失和不利影响跟我们的目标比起来是很小的；但如果我对了，那么公众和世界就确乎能获得裨益了。我个人并不要求什么，除了善意和互相友好的帮助以外，我绝不接受任何人的任何东西。我只要求能容许我使贫民和劳动阶级解除目前的苦难，并确实地为富人和一切较高阶级服务。因此，我希望指派胜任愉快的实业家来考

核我所提出的一切细节。我从经验中得知,唯有采取这一实际
办法才能使公众理解这个终将证明是广泛而重要的问题。

问:假定这计划的各部分都无可非难,那么实现时对那些领受教区
救济①的贫民又将如何处理呢?

答:首先,通过一个议会法案,使贫民由国家管理。其次,由国家担
保,陆续借足款项兴建新村,并预备耕地;在资本和利息没有偿
清以前,由国家为这些新村做担保。采用这种方式,整个过程
对各方面来说都将十分简易、公平而又合理;我国人民也就可
以使政府在实行这项计划时不受到任何有关方面的反对。

本月 24 日星期四早晨写完以上各点以后,我完全没有料到在
准备发表以前会有两桩事情要发生。可是它们都发生了。这两桩
事情都很重要,我认为把其中一桩加以叙述是有好处的,而对另一
桩作出解释则是有必要的。说出之后有好处的那一桩事情本身非
常有价值,而且非常有趣,所以我就毫不迟延地把它公开出来。幸
而它并不会引起不同的意见,其中只包括一些单纯的事实,任何人
如果肯花费时间去参观一下首都各主要监狱,便都可以看到并且
可以进行调查。

我从各方面听说波尔特里区圣米尔德雷德大厦的弗赖伊夫
人②在纽盖特女监中做出了极为有益的成果;按照事先的约定,我
昨天和弗赖伊夫人一起去了,并由她陪同参观了女监的全部监房,

---

①　参见本书第 77 页注。——译者

②　伊丽莎白·弗赖伊夫人(1780—1845 年),英国教友会"慈善家",曾从事监狱
改革事业。——译者

里面收押着各种各样不幸的女犯。我所得到的印象是难以忘怀
的。她们的成分复杂,而且性格各不相同。当我们从一个监房走
到另一个监房时,到处都看到每个女犯毫无例外地以亲热的眼光
投向弗赖伊夫人,流露出极其明显的亲切感情。这些人在入监时
不论表情多么冷酷,这时没有一个不对弗赖伊夫人为她们所做的
一切表示爱戴和仰慕,其表情之强烈绝非言语所能形容。她们怀
着愉快和踊跃的心情准备真心诚意地遵从弗赖伊夫人的劝告,即
便是受过最好教育的儿童在听父母的教导时能够这样愉快和踊
跃,也是值得称道的。这些可怜的女犯知道她的愿望时,显然感到
一种由衷的安慰,因为她们可以用立即满足她的愿望的行动来表
示她们的感激。弗赖伊夫人对每个女犯说话时,态度和声调都是
充满信任、仁慈和同情心的;而她们回答时流露出来的感情非常温
顺,当人们受到这种合理的待遇以及别人用这样合理的方式对自
己说话时,都会而且永远会流露出这种感情。弗赖伊夫人离开监
狱时,大家的眼睛都盯着她,直到看不见为止。监狱的监房和犯人
全都十分整洁;这群以往十分堕落的可怜虫全都十分守秩序、守规
矩、有礼貌,甚至还充满愉快的满意心情!多年来我就有一种习
惯,经常从下层阶级人们的神色上揣摩他们的心情。但在我们访
问过的许多监房中,我却丝毫看不出任何人对弗赖伊夫人的愿望
有任何抗拒的表情。相反,每个女犯的表情和态度都强烈地表示
出她们完全服从这种仁而有方的新型管理法。我所听到的唯一意
见只是没有工作的人的意见:"我们没有工作。"凡是有工作的人都
比我想像中的、在这种情况和条件下并用这种设备工作的人要愉
快得多。接着我们就到女校去。刚一进门,孩子们(已决犯和未决

犯的女儿)就都注视着她们的女恩主,这时她们的神情就像我们所能想像的,人们望着优秀、聪明和仁慈的人时所流露的神情一样。这些孩子都十分整洁,有些孩子的面貌还很惹人喜欢。学校的秩序非常良好,看来管理得很不错。我不禁把这些不幸的可怜孩子的现状同她们以前的情景做了一个对比。她们一定经历了一场天大的变化!从污秽、恶习、恶行和犯罪行为中,从堕落和悲惨的深渊中,一跃而进入整洁、习惯良好和比较舒适而愉快的环境!若不是经验早就使我明白了这里所实行的原则极简单而又肯定有成效,我一定会问:有哪位高深的政治家到这里来了?这得花多少钱?需要百折不挠地进行多少年积极而坚定的工作才能得到这样惊人的(甚至英国政府和议会在成立以来的许多世纪中也是一直企图实现而没有能够实现的)改进呢?而当我听到下面这样简单的叙述时,又会感到多么吃惊呢?这种从苦难深渊中一跃而进入上述情况的变革,是弗赖伊夫人和教友会少数几个慈善家在三个月当中,在完全没有增加开支的情况下十分满意地完成的!我们离开了女监,到男犯所住的监房和庭院等地方去。首先我们到少年犯的院子里,在这里看到了根据弗赖伊夫人的请求而设立的学校,那时刚刚下课。当老师的那个人问,要不要把孩子召集起来;在得到她的同意后,马上就把孩子们召集起来了。他们那种样子是多么忧郁呀!这是一群简直没有人样的青少年,极其明显地说明了管辖他们的政府根本没有对他们尽到责任。比方说,有一个男孩只有十六岁,却戴上了脚镣手铐!他犯了重罪,受到了严重的惩处。这种事情在进行适当培养和预防的制度下就不会发生。

　　西德默思①勋爵知道我对他个人无意冒犯，所以是不会见怪的。人们知道他的性情是和蔼可亲的。但在这一案件上，内政大臣却比那个儿童的罪恶大得多。在严格的公平意义上讲，如果说强迫和惩罚的制度是合理的和必要的，那么，西德默思勋爵就应当代替这个儿童来戴脚镣手铐。内政大臣早有权力可以使这个孩子和全帝国所有其他的儿童都养成更好的习惯，并使他们的环境能把他们培养成有道德的人，这项权力早就应当加以运用。

　　接着我们离开了这些孩子去参观已决、未决和判处死刑的男犯的情形。这边监房的一切东西都使人们在感情上和常识上感到极端难以忍受。这正说明根据理性和非理性原理所得出的实际结果，已经形成而且永远会形成怎样一个对比。我希望政府人员现在能来考察这些突出的事实。如果他们和这位女慈善家一起来考察，我相信他们会认识到她在实际行动中的指导原理，并会在未来的全部措施中加以采用。那时他们只会感到万分满意。

　　监狱的看管人员承认，几个月以前，女犯的情形比男犯现在的情形更加恶劣，这两种人当时都被说成是不可教化的。但现在女犯的情形已经完全改观了，而这只用了短短的三个月时间！纵使有了这样的事实，人们仍然说男犯是不可教化的！然而我们不能责怪任何一个看管人员，因为看来他们都是根据指示执行任务的人。

　　让国家的大臣们到这里来看看吧，他们马上就会发现最强有

---

　　①　西德默思(1757—1844年)，1812—1821年任托利党政府内政大臣，执行金融寡头和土地贵族集团的反动政策。他对人民采用高压手段，从而在曼彻斯特发生了1819年8月16日的"彼得卢大屠杀"——政府出动军警，镇压举行集会、要求政府进行改革的工人和一般市民。群众横遭杀害，死十余人，重伤数百人。——译者

力的政治工具一直放在自己和自己的前任手里,但却束之高阁而不用。他们如果对这一问题作了应有的研究,然后再始终不渝地在仁而有方的精神下适当运用他们的权力,根据预防的原理立法,那么国家的穷困马上就会消失,下层阶级的愚昧、贫困和苦难就会奇迹般地顿时绝迹。那时他们想要找出别人对他们任何一项措施的不满、反对或怨尤,都会是劳而无功的。目前的时代比任何时代都宜于进行改革,而目前的一切情况也迫切要求开始进行改革。

我在这里唤起世人注意! 有人说,要使儿童养成良好习惯和正确行为是困难重重的,甚至在他们受到相反的成见影响以前也是这样。但以上所说的事实都证明,根深蒂固和长期保持的堕落习惯也可以很容易、很迅速地用一种仁慈的制度来克服。这种仁慈制度,如果以适当的方式加以指导并坚持实行,我们直到现在还从来没有发现过任何人有意长期拒不接受。

如果我们能充分理解并正确运用这一原理,那么它给人们带来的实际幸福比任何国家和任何时代强加在人的头脑中的一切道德和宗教体系所带来的都多。

以往世界被毫无用处的**空谈**所困扰——被喋喋不休的废话所困扰;事实证明这些空谈都是无济于事的。今后,**行动**将使方案成为不必要;将来人类的管理制度将完全**按照它们的实际效果**来评价。

现在我必须提出前面所说的**有必要**作出解释的事情。在"乔治和鹰"①举行的那次会议前后,我发现有些秘密使者用各种各样

———————

① "乔治和鹰"即伦敦中心区酒家;1817 年 7 月 24 日,欧文曾在这里向少数人发表他的消灭失业的计划。——译者

的方式、旁敲侧击地进行劝说来阻挠我的事业。他们这些话对于以往表示赞同我的计划的人显然发生了预期的影响。这一切都非常自然,任何一个普通人像我这样攻击人类的错误和偏见时,都不可能不步步遭到各种各样的反对。

那场论战中所用的武器不论怎样不公平和不合法,只要是用来攻击个人的,我就置之不理。我以往和现在很少考虑个人得失的情况,并不亚于任何对手已经做到的和所能做到的。我把个人当作工具,正像应当把我的对手们当作工具一样来推进措施,谋求我们的共同利益和公众的普遍利益。不管个人怎样爱好虚荣和自高自大,我都一直这样使用;在确实达到目标以前,仍将继续这样使用。

但由于现在所流行的这些荒唐而可笑的中伤言语,目的在于阻挠我所从事的工作,所以就必须加以驳斥。这些言语决定了我当时所考虑的即将采取的下一步骤。

这一步骤是:8 月 14 日星期四的那一天将在伦敦中心区酒家举行公开集会,讨论我要提出的关于消除国家目前的贫困、革新贫民精神面貌、减低济贫税、消除贫穷以及随之而产生的一切有害后果的计划。在那个会上,我将邀请各方人士以及他们所能征集的同道,把他们反对我的一切意见都提到公众面前来。我希望能尽量使他们感到满意。他们对于这次集会可能还不具备一切必要的条件,所以我就准备给他们提供一些线索,让他们找出我以往的全部错误。

我出生在蒙哥马利郡的纽汤。十岁左右离开那里,来到伦敦。不久以后就到林肯郡斯坦福德城詹姆斯·麦格福格先生的商店里一共待了三年多。后来又回到伦敦,在伦敦桥附近的帕尔默与弗林特商店工作了一个短时期。后来我又到曼彻斯特去,在约翰·萨特菲尔德先生的商店里待了一个时期。不久又离开他,开办了一个小规模的机器制造和棉纺企业,其中有一部分时间和琼斯先生合股经营,另一部分时间则是我一个人独资经营;那时我还是一个少年。后来我经理曼彻斯特已故的德林克沃特先生在该地和在柴郡诺思威奇城的纺纱厂,这工作我一连担任了三四年。接着我跟曼彻斯特的摩尔逊和斯卡思两位先生合股经营纱厂;我建立了乔尔顿工厂,并跟伦敦的博罗代尔与阿特金森公司以及曼彻斯特的巴顿公司合开了一个新公司,名为乔尔顿纺纱公司。过了一个时候,我们就购买了新拉纳克的工厂和有关设备,十八年来我一直在那里的公众面前工作,我现在已经四十六岁了。这就是我一生的全部线索,任何人如果有意的话,都可以加以利用。我提出这些不是因为个人的行为(不论是最好的还是最坏的)能使我所提的原理和实际办法的真伪改变分毫。这些原理和实际办法完全只立足在本身的基础上,并终将经受住时代的震撼而不动摇。我提出这些,也不是说我的行为比同一年龄和在同一情况下的其他一般人的行为更优越、更聪明,因为我在任何时期对于我自己的行为和我个人都从没有过自抬身价的做法。我之所以提出这些,只是希望那些有意攻击我的人把一切能用以攻击我**个人**的材料全盘托出来,以便结束这些不足挂齿的无谓的人身攻击,使我能继续前进,完成真正具有实际功用的事业。让他们把我个人不合他们口味的言行在这种公众聚会上统统提出来吧。我只要求:攻击要公开、公正和直接。然后我再来答复,而且我也能驳倒他们。在目前这个时候,我绝不要求任何情面。让他们用尽全力准备取得自己所想望的一切胜利吧。我不会要求或接受任何宽恕。我的目标早就确定了。我下定了决心绝不饶恕现行的世俗、政治和宗教等制度中所存在的任何错误和流弊,直到它们暴露无遗、各方面都群起要求消除,连那些对它们感到强烈兴趣并愿意予以支持的人也要求消除它们为止。卢比孔河已经渡过了①,公众不久就会亲身体会到有益的效果。

罗伯特·欧文

7 月 26 日

补白——本计划更完整的叙述和透视图以及实际利益的全部详情不久就可以公布于世。

---

① 卢比孔河在意大利北部。古罗马两执政恺撒和庞培争雄时,此河为意大利同恺撒统治下的高卢之间的分界线。之后庞培为罗马唯一执政,企图剥夺恺撒的兵权。公元前 49 年 1 月恺撒率其军团下决心渡卢比孔河,向罗马进军,终于击败庞培,成为罗马的独裁者。渡河时,恺撒大呼:"骰子掷下去了。"(意即已做决定,不能更改)因此"渡过卢比孔河"一语表示下定决心,或采取断然行动。——译者

略论古今社会状况所造成的
一些谬见和弊害

(1817 年 8 月 9 日载于伦敦各报纸)

致 编 者 函

编辑先生：

为了十分公正地对待公众，有必要在本月 14 日下星期四 12 时于伦敦中心区酒家召开会议以前，把我的思想感情和观点充分而清楚地向他们表述出来。因此，早日发表下列文章，将对我有很大的帮助。

你的心怀感激的，

罗伯特·欧文

1817 年 8 月 7 日于波特

兰广场，夏洛特街 49 号

略论古今社会状况所造成的一些谬见和弊害；附带说明把失业劳动阶级组织成"工农团结合作新村"（居民人数限定为五百至一千五百人）这种办法的一些独特的优点。

为了使公众能够比较容易理解问题，必须从基本原则谈起。

人类的一切努力的目的在于获得幸福。

除非人人身体健康、具备真正的知识和财富，就不可能获得和享受幸福，而且也不可能保全这种幸福。

至今，身体的健康和真正的知识却一直被人忽视，人们都一味追求财富和其他纯粹个人的目的。但是，当这些东西即使是十分满足地追求到手的时候，它们也往往破坏了而且今后也必然会不断地破坏幸福。

现在，世界上充满了财富，而且有无穷无尽的手段来继续增加财富，但到处是苦难深重！人类社会的目前状况就是这样。任何意图明确、为达到所希望的目的而设计出来的制度，都不会比世界各国现行的制度设计得更坏。能够用来轻而易举地从一切方面造福人类的巨大而无法估价的力量，还没有发挥作用，或者运用得极其不当，因而达不到人类所向往的任何目的。

但是，世界现在拥有足够多的手段来制止这种缺乏理智现象的发展，唤起沉睡已久的力量行动起来，正确地发挥人类的能力。

这些手段是使人人身体健康、得到真正的知识和财富所必需。

这种手段就在我们的身旁，它们可以迅速地为我们所掌握，而且为数极多。但是，广大的人民群众却陷于极端愚昧的状态，失去了生活上的一切舒适。大部分人没有足够的食物，遭到各种各样的困苦，目前正处在水深火热之中。

那么，从一种状态向另一种状态过渡真是困难重重吗？真有不可克服的障碍在妨害着人们达到所向往的目的吗？

不，不是这样。不管这是多么使人感到奇怪的，但这种变革却是非常容易实现的。在整个变革过程中,不会遇到任何严重的困难或障碍。**全世界都知道并感觉到现存的祸害:将考虑现在提出来的新制度——将赞成这种制度——将努力促成这种变革——于是就实现了变革。**

现在,当人们十分清楚地看到人人都毫无例外地可以从这种变革中得到巨大好处的时候,还有什么人或什么东西能够妨碍人们得到良好的教育和生产性的工作呢?现在,还有什么人或什么东西能够妨碍人们在十分舒适和愉快的环境中得到这种教育和工作呢?

为了系统地考察这个问题,必须在这里说明,从人的本性来说,人的一切都是由他们原先的生活条件所造成的;然后应当指出,他们如果处于新的生活条件下,将会怎样。而这种新的条件,现在的社会本身已经完全具备。

人生下来就具有各种癖性和特质,这些癖性和特质的强弱和组合方式因人而异,足以在人的一生当中形成形态和性格上的独特之处。

但是,不管各个人的这些天生癖性和特质在强弱和组合方式上有多大不同,它们后来都是可以在环境的支配下形成各种基本的性格类型的;这些类型可能十分悬殊,甚至在特性上互相对立,从完全**非理性**的类型到完全**有理性**的类型,都应有尽有。

现在,我们对这一过程加以简单的叙述,并指出借以充分地形成完全非理性的性格类型的手段;我们也要略述一下那些同样可以保证形成完全有理性的性格类型的手段。

在地球上的各个已知的地区,至今人们从幼儿时代起就不得不接受某个教派、某个阶级、某个党派和某个国家所特有的观念。因此，每个人都被密密的四层谬见和偏见所包围，总是通过它们来观察周围的一切。尽管这些精神环境在各国是千差万别的，但是它们到处都很严密，使一切事物都不得不透过它们来观察，而一切事物透过它们以后，都被歪曲或变得模糊不清了。任何人在任何地方所看到的任何一件事物，都不是它的本来面目，所以自然界至今还没有为人所认识。

在过去的所有时代，地球上不同的地方，都有一定数量的人被这四层环境所包围，而它们的影响在每个人身上的结合都是或多或少不相同的。其中的每一种结合都使每个人在其影响下对他所观察到的自然界加以曲解。当处于这些不同环境之下的人偶然相遇和交谈时，就很快会发现他们对事物的看法都不一样；而由于完全没有意识到产生这种分歧的真正原因，就往往会产生看法上和**感情上**的对立，从小小的反感扩展为各式各样的愤怒情绪、复仇心理、死亡和破坏。因此，由于不同**教派**的观念所引起的意见分歧，产生出人生的种种祸害和苦难；而这种教派的敌意使得人们彼此疏远、变得不幸和道德败坏的为祸之烈，历来都更甚于阶级、党派和国家等其他一切偏见。

不同的**阶级**环境也造成了使人们彼此非常疏远的各种恶感，大大促成人们的无理性和苦难的增长。

党派和**国家**的环境也同样为害不小，它们至今使人们不能兄弟相待。

各种程度的愚昧、懦弱和自相矛盾，就是人们在上述生活条件下所作所为的自然结果。

过去和现在的世界上的一切制度都是那种千变万化的狂颠的证明,而人类的心灵正处于这样的狂颠的包围之中。

在这种环境中,每一次变化的结果都使一切最天真的希望和最乐观的期待落空。只要允许这种环境存在,不把它们完全消除,想要从任何变化中得到任何成果,都是枉费心机的。

比起人类历史开始有记载的远古时代,**现在**任何一个人丝毫也没有更接近幸福。生来无知的人最初总以为自己行为的动机出于自己的意志,此后,别人也一直这样教导他们。他们的思想就是在这个基础上形成起来的;这个基础过去是,而且现在仍然是他们的一切观念的依据;这种观点与他们的一切想法都有联系;由此只能产生怀疑、混乱和神志不清!

有人正确地指出,为了使人变得明智和幸福,人的头脑"应当新生",应当摆脱一切根深蒂固的不正确的观念;基础应当重建;然后,应当建立正确而有用的上层建筑,它的各个部分应当互相配合,使人们心情满意,思想开朗;这个上层建筑也应当经受住最符合科学的调查研究:在整个未来,它应当能满足日益进步的、经过良好教育而趋于成熟的每一个人,使他们确信这个上层建筑乃是最卓越的才智指导下的正确行为所酿成的幸福的源泉!

人生下来就是无知的,从出生时开始就受到某个教派和某个阶级的谬见的包围,经常囿于某个党派的谬见,而且终生都摆脱不了某个国家的谬见。

因此,人弄得不认识自己,不认识自己的同胞和自然界。

使人们分裂和疏远的种子,在他们幼年和童年时代就深深地和广泛地撒播下来。

　　他们变得自私自利，变得公开地或者秘密地同其他一切人对立。

　　人的自然愿望在于取得幸福；但是，他周围众多的人和愚昧无知地设计出来的社会制度，却极力阻挠他达到这一目的，而且获得了成功。

　　随着人接近青年和成年，播下了使人们分裂和疏远的种子的土壤继续得到精耕细作，同时人们还采用了一切办法来培植上面的植物，保证它们生长和丰产。

　　如此辛勤栽培，不能不开化结果；而对人的正常感情和取得幸福的一切努力的阻挠，便在一定的时候产生了大量的不满、反感、厌恶、嫉妒、憎恨、复仇心理和一切邪恶的情欲；最后，人就被这种教育方法所必然产生的一切不合理的事物紧紧地纠缠住了！

　　他被逼成为不真诚的人，仅此一端就足以破坏人的幸福！如果有人打算在这种破坏人类理智的气氛中说真话，那么，他立刻会被人看成是傻瓜或疯子！

　　他的最善良的感情，他的最高超的才智，他的最宝贵的精力，都只能白白废弃，否则就使用不当，以致邪恶丛生。

　　以上这些，就是对于人在过去和现有的一切制度下曾经并正在形成的过程的公正而准确的概述。

　　如果我现在就转而谈到细节，并对由于现有的整个社会制度所产生的人的谬见、矛盾和苦难作出如实而详尽的描述，那么，公众会过分突如其来地明白真相，反而对他们没有好处：他们至今还是愚昧无知，缺乏教养，所以不能保持住应有的耐性，让这种变革**逐步地**得到实现，也就是不能忍耐以实际可以允许的速度进行变革;他们会迫不及待地贪求那种在一定的时候必然可以得到的利益;操之过急,许多东西将会受到损害和破坏。我最热烈而又迫切地希望,在实行这个变革——其伟大意义现在有谁能够领会?——的时候,尽可能少引起激动,使它在毫不真正伤害任何人的情况下完成。对社会的现状略有一些实际知识的明智人士,将会理解这些话的含义,并且自然会以适当的方式来行事。

说真的,朋友们,尽管现有的制度处处荒谬,矛盾重重,完全不适用,但是**绝不能让孤陋寡闻和粗鲁不文的人来插手破坏**。现在,只要采取一个为时过早或鲁莽轻率的步骤,就会推迟我们最有根据的希望的实现,使今后几代人得不到我们和我们的子女本来可以肯定在不小的程度上享有的幸福。

因此,大家不要激动,不要坚持任何考虑不周,或者更确切地说,没有经过考虑的为时过早的改革计划,而要用自己的一切力量来促进我们即将采取的措施的实现。这样,经过一段为你们自己和子孙后代的利益着想的尽可能短暂的时期之后,你们就可以解除现在所遭到的苦难——你们可以享受一切有利于人的舒适和安乐。

但是,为了达到这一伟大目标而又不给任何人带来损害,就绝对有必要把现有的一切制度原封不动地保留一个时期,应当使它们能够保护并有利地引导和控制这一巨大的变革,这种变革正迅速地接近我们和其他一切国家;我们绝不可能回避这一变革,而只要正确地理解这一变革,任何人也不想回避它;恰恰相反,我们人人都会欢呼这一变革是对每一个人(作为个人和社会成员)有利的一切事物的先兆。

　　根据正确的原则行事,就不需要而且永远也不需要欺骗公众:对任何全国性的意见,不论赞成还是反对,都说真话,就有利于一切正义的事业;我们现在就要沿着这条道路前进。

　　欧美各国当政者,除了少数的无关紧要的例外,实际上都不反对实事求是地改进社会;他们希望社会能够改进,而当他们充分理解到怎样才能做到这一点的时候,就不会不积极地予以赞助。

　　我国的大臣(我很了解他们),都不具备现时所需要的足够的毅力和实际知识来指导舆论,而他们的政敌所具备的有益的实用知识,比他们还要来得少。**各国的政治家还应当研究那种能使他们把国家治理得使自己和本国人民都很幸福的科学的原则。**

　　但是,我们的大臣都是心地善良、和蔼可亲的,他们真诚地希望改进社会各阶层的状况。我对他们的耐心、性情和爱好作过五年的观察,所以不会受骗;尽管他们毫无疑问不具备必要的条件,不能领导全国舆论来接受新的、尚未经过考验可是绝对必要的改进(此等事他们让别人去做),然而我认为,其中有许多人,只要公众以适当的方式做好了前进的准备,他们是随时都会心甘情愿地伴随着公众一起前进的。他们现在也像社会上其他阶级那样意识到,他们现在正沿着它迅速前进的道路,**是一条使社会产生混乱和苦难的大路。**

　　说到这里,有必要就我上次在报上发表的话作一点说明,因为我迫切希望我的任何动机都不至于被人误解。我曾说过,在纽盖特男监戴上了脚镣手铐的如果是内政大臣而不是那从出生时起就被社会所忽视的可怜的十六岁男孩,那就更合乎公道。这话在当时,正如在此时一样,真诚坦率地表达了我的观感和评价,但我丝毫无意伤害西德默思勋爵的感情。有一部分公众似乎并不这样认为,虽然勋爵本人是不可能误解我的意思的。我从他那里得到过无数次亲切关怀的表示;他那温文尔雅的风度我此时记忆犹新;而且,应当公正地说,勋爵是欣然赞助了弗赖伊夫人,使她能在纽盖特女监中从事其慈善事业的。尽管如此,内政大臣现在走的(我怕在一定的时期内他还不得不走的)道路所造成的残酷和不公正的现象,终于会比他自己和其他许多人所能看清楚的还要严重。因此,尽管我由衷地尊敬西德默思勋爵,我还不得不尽我的全力去反对勋爵据以行事的那种制度的谬误。我希望在不久的将来,勋爵作为国家大臣,也会尽力帮助大家建立较好的制度。

除了我认为现存的制度是完全不适用的制度以外,我相信没有必要再对它多说什么了。但是,不管它们怎样不好,在实行比较好的制度以前,还必须保护它们。

现在,我们考察一下人将来在新环境中的情况。

在新环境中,如同在旧环境中一样,人一生下来也是愚昧无知的。

他从襁褓中开始就将受到只会养成善良性情的教育。

他所学的将全部是事实。事实会使他从很年幼的时候就清楚地懂得他本人的性格和同胞的性格过去和现在是怎样形成起来的。因此,他将摆脱从古到今一直包围着一切人的那些有害而使人道德败坏的环境。

不会再有那种必然会使人们互不团结、彼此疏远的环境了。恰恰相反,每个人都对其他一切人开诚布公,每个人都愿意帮助其他一切人，而不管对方是属于哪一教派，哪一阶级，哪一党派、哪一国家或种族。愤怒、憎恨和复仇心理都将得不到任何支持，任何邪恶的情欲都将无法滋长，任何范围内的团结和互相合作都将变得轻而易举和习以为常。

那时，人们阅读自己过去的历史，只是为了记住他们已经摆脱掉的那些谬见和矛盾，只是为了拿自己的幸福同过去的苦难进行对比。

现在，请看一看下文展示的新村的图景。请把这些仅仅是约略描绘的图景同工业城市的贫民和劳动阶级的现状比较一下，而维持目前的工业城市却要比维持新村昂贵和麻烦十倍。

我们来作一非常粗略的对比。

在工业城市里，贫民和劳动阶级现在一般都住在小胡同或大杂院内的阁楼或地下室里。

在所筹划的新村里，贫民和劳动阶级将居住在围成一个宽广的四方形地区的住宅里，一切设备方便，装潢实用。

在工业城市里，劳动人民的周围环境十分肮脏，呼吸着烟雾和尘埃，举目四顾，很少看到什么使人赏心悦目的景物。

在所筹划的新村里，他们将生活在周围有花园并保证他们呼吸到新鲜空气的广阔天地中；在这个四方形地区内，有林荫大道和花草树木，而周围则是精耕细作过的良田美地，整整齐齐地延伸到望不见边际的远方。

在工业城市里，做父母的经常为自己和子女的衣食忧虑不堪。

在所筹划的新村里，人人都将丰衣足食，享有各种生活必需品和舒适的生活条件,因为人们充分理解了而且全面实行了互助合作的原则。

在工业城市里,每个家庭都经常为上市场购买一家所需物品而操劳,而且采购时总要吃大亏。

在所筹划的新村里,付出原来一个家庭所需的采购劳动,就可以供应一千人的需要,而且一切物品的价格都是极为低廉的。

在工业城市里,每个家庭都必须有一套烹调设备,还要有一个人专管做饭,供应一个人口中常的家庭。

在所筹划的新村里,将用最好的食品做出美餐佳肴,同时能使五六个人做出一千人食用的饭菜。

在工业城市里,做父母的为了维持自己和子女的悲惨生活,每天要苦干十到十六小时,而且经常是在对健康和人的正常享受最不相宜的条件下劳动的。

在所筹划的新村里,做父母的每天的劳动不超过八小时,而且是在令人愉快和有利于健康的条件下工作的。

在工业城市里,贫民和劳动阶级在经常出现的萧条时期遭到难以形容的苦难。

在所筹划的新村里,不可能因为市场条件变动或行情不稳而产生萧条,人人都储有大量的生活必需品。

在工业城市里,彼此互不合作的人在患病的时候备受各种各样的折磨。

在所筹划的新村里,患病的人将得到同村人无微不至的关怀和照顾:每个人都根据公认的原则并基于自身的利害关系而积极愉快地采取一切手段,使病弱伤残者的处境尽可能舒适。

在工业城市里，如果父母早故，子女都成孤儿，遭到种种的
不幸。

在所筹划的新村里，如果父母早故，子女的生活仍有保障，并
从各方面得到很好的照顾。

在工业城市里，儿童通常多病，并像他们的父母一样穿着破烂
衣服。

在所筹划的新村里，儿童将个个健康，脸色红润，并像他们的
父母一样衣着整洁而得体。

在工业城市里，年幼的儿童无人照管，他们每时每刻都在受着
坏的习惯的腐蚀。

在所筹划的新村里，儿童将得到很好的照管，不仅防止他们染
上坏习气，而且教育他们养成好习气。

在工业城市里，人们轻视儿童教育工作。

在所筹划的新村里，一切儿童都将受到良好的教育。

在工业城市里，儿童很早就被打发出去学手艺，或被送到工厂
去工作，而且每天要劳动十到十六小时，工作条件一般都是对健康
非常有害的。

在所筹划的新村里，儿童将循序渐进地学习园艺、农业、某种
手艺或工业生产技能，而且只根据自己的年龄和体力从事劳动。

在工业城市里，负责儿童教育工作的都是一些无知而有许多
坏习惯的人。

在所筹划的新村里，负责儿童教育工作的将是一些具有才智
而又只有良好习惯的人。

在工业城市里，教育的常用手段是责骂、强制和惩罚。

在所筹划的新村里，教育的唯一手段将是亲切关怀，通情达理。

这种对比可以无止境地继续下去，读者也不难设想没有谈到的对比。因此，我们只作如下的补充就够了：

工业城市是贫穷、邪恶、犯罪和苦难的渊薮；而

所筹划的新村将是富裕、睿智、善行和幸福的园地。

讲 演 词 一

（1817 年 8 月 14 日星期四在伦敦中心区酒家
发表，15 日载于伦敦各报纸）

"8 月 14 日星期四将在伦敦中心区酒家举行公开集会。关心
这一问题的人届时将讨论消除国家目前的贫困、革新低级阶层的
精神面貌、减低济贫税、逐步消除贫穷以及随之而产生的一切有害
和使人堕落的后果的计划。"

根据以上通告，会议如期举行。罗伯特·欧文先生在会上发
表了如下的讲演：

今天我到这里来，不是为了满足无聊和无用的虚荣心。我来
到大家面前，是为了完成一项庄严而极其重要的任务。我所重视
的，不是要博得大家的好感和未来的名望。这两项在我看来都没
有什么价值。支配我的行为的唯一动机，是希望看到你们和全体
同胞到处都能实际享受到大自然所赋予我们享受的极其丰厚的幸
福。这是我终身抱定、至死不移的愿望。

世人如果具有智慧的话，在以往许多世代中早就会发现：人们
一向追求的这种恩惠，这种非财富所能购买的天赐，一直是掌握在
世人手中，甚至连那些历来最不受尊敬的人也能具有这种幸福。

幸福的条件虽然遍地皆是,但愚昧却挡住了我们的视线,它用荒谬绝顶的精神环境重重围住这些条件,这种环境严密万分,而且牢牢地挡住了任何大胆的冒险者,因此连世代积累的经验也一直未能突破它的重重阴影。

这种黑暗环境的统治虽然有无数奇形怪状的毒蛇猛兽防卫着,但终于成为过去了。

经验将它的形迹深深地印在以往的时代中,并毫不疲倦、毫无恐惧、毫不松懈地在它那正义的道路上坚持到底。当敌人睡着的时候,它在前进;当敌人没有注意它的行动时,它在悄悄地往前爬。它前进时虽然步步艰巨而又危险,但终于使敌人惊慌失措、狼狈不堪地看到它跨到外层的障碍上来了。一切黑暗势力马上开始了凶险可怖的活动,准备对这个胆大妄为的来犯者实行报复。

但经验是真知与灼见之母,因而它的一切举止都是明智而又坚定的。以往它一直把自己的伟大和力量隐藏起来,现在它突然展示出它那万能的真理之镜,镜上闪耀出这样神圣的光辉,使得黑暗的全体妖魔看了以后都在这种耀眼逼人的光芒下惊骇退缩,而这种光芒却一下就刺中了他们的心房。这些妖魔完全绝望地溃逃了,甚至现在还在慌忙地向四面八方逃跑,永远离开我们的住处,让我们能充分地享受完整的团结、真正的美德、持久的和平和实际的幸福。

朋友们,今天我希望你们都投到"经验"这位胜利的领导者的旗帜下面来。请不要为这一建议而感到惊恐。由于原先曾受到这位永无过失的教师的教导,我甚至在目前就要更前进一步;现在我要向你们说:你们将在今天这个日子里**被迫**归于经验的旗帜之下,今后你们将永远无法背离它,而今天这个日子后世也将永志不忘。这位领导者的统治和管辖,将使你们感到十分公平和正确,你们将不会感到任何压迫。在经验的城池中绝不会有饥饿和贫困的危机。由于愚昧和迷信而兴建的监狱,将永远敞开大门,监狱的刑具将留作经验的应得的战利品。在它的永无差错的规律下,你们的体力和智力都将得到发展,你们将得到良好的教育和工作,这一切对于你们自己和旁人都将是有用的、愉快的和有利的,因而使你们再也不想离开你们的正义道路。非但这样,不久以后,你们每一个人都将宁死而不愿被迫片刻离开它那具有无限魅力和永远令人愉快的照拂。这样行动起来以后,世人很快就会摆脱以往一直牢牢缠身的思想的奴役。

现在让我们丢开比喻的语言,仔细地、一丝不苟地听听事实怎么说吧。事实的语言对每个人来说都是非常有趣的,对大家来说也都是非常重要的,所以就值得大家聚精会神地洗耳恭听。请大家听听事实对于我们的贫困和苦难说些什么,对于消除这种贫困和苦难的唯一可行的道路又说些什么。

在发生怀疑的时候,事实总是随时准备提供证据的。事实说:

大不列颠与爱尔兰帝国现在所遭受的苦难、贫困和悲惨状况比以往许多世纪曾经实际遭受的都更为严重。

现在不论表面上有些什么样的改进,我国实际上的贫困和堕落却正在发展,而且将继续迅速发展,直到我们根除了产生这两种情况的原因并代之以性质完全相反的因素时为止。

大不列颠与爱尔兰联合帝国从来没有过这样多得不可胜数的条件可以使全体人民解除这种苦难、堕落和危险。

我国当政者还没有提出任何合理办法,对成千成万在贫困中挣扎的人进行一劳永逸的实际救济,他们的家却不必要地成了危害人生的各种苦难的渊薮。

这些当政者没有其他方面的帮助对这个问题便无法具有充分的权力和实际的知识来适当地运用国家丰盈有余的条件,使人民摆脱愚昧和邪恶,而这两者又是一切现存祸害的来源。

这种**权力**和实际知识的帮助,只能由**社会上各地区**最善于思考、最为明智和最有教养的那部分人明确表示的舆论提供。

事实也证明,舆论应当提出以下各点:

1. 一个国家如果供养一大部分劳动阶级过着无所事事的贫困生活或者从事无谓的工作,就永远不能富强。

2. 任何国家如果存在着偏见和贫困,而仅有的教育又坏到不堪设想的程度,那就必然会使人民的道德败坏。

3. 在这种人民中如果酒店林立,公开赌博的诱惑一应俱全,那么他们就必然会变得低能无用,或是作恶、犯罪和危害他人。

4. 这样一来,就必然要使用强制手段并使用严峻、残酷和不公平的惩罚。

5. 接着人民就会对当政者产生不满、怨恨和各种反抗情绪。

6. 政府如果允许和纵容一切恶习、坏事和犯罪行为的诱因存在,而又大谈宗教,大谈改善贫民和劳动阶级的生活状况,大谈提高他们的道德,那就简直是在嘲笑人们没有常识了。

7. 这种行动和言论是欺骗群众的无聊和愚蠢的办法;现在群众已不再受这些言行欺骗了;将来这种矛盾百出和无意义的废话也骗不了任何人。

（但是，朋友们，不要对这些言行感到愤怒，你们应当和我一起努力把可能产生这种颠倒是非的看法的客观条件铲除掉。可怜可怜在这种情形下受到损害的人吧：帮助帮助他们，给他们做些有益的事情吧。）

8. 如果让这类条件保存下去，而又希望国家进步，那就像是看到天下江河日夜奔向海洋，还在等待海洋干涸一样愚蠢而无远见。

9. 如果要消除这些祸害，并养成良好的习惯、培养有价值的知识和建立永久的幸福，那就必须把陷于贫困、邪恶、犯罪、苦难和不良习惯之中而又聚在一起的广大群众逐步加以隔离，分成若干可以管理的部分，分配到全国去。

10. 如果要改善低级阶层以至整个社会的状况，就绝对必须拟定办法使劳动阶级的子女受到良好的教育，以有利的方式雇用他们，并为他们提供一切生活必需品和有益的享用品。

11. 我们必须作出安排，使劳动阶级在稳健和公平的法律下通过自己节制有度的劳动获得这一切幸福。在广大人民的品行和知识提高时，这种法律就将相应地扩大他们的自由。

12. 现在着手进行这种安排的经验和条件都已具备；这种变革丝毫不会损及任何人，相反，它会使每个人，从最受压迫和最卑下的人直到国家的最高统治者，都将从这种变革中获得实际的和持久的利益。

事实还说明，现代有学识而无经验的人，如果认为目前行将公开提出的关于消除贫穷、邪恶和犯罪行为的计划会产生、增加和延续贫穷的现象，那他们就完全想错了。

　　这些先生们把聪明机智的人所能提出的一切反对意见都提到公众面前来了，我个人十分感谢。我所希望的是整个计划能受到充分的考察和研究，使它的直接效果和最间接的后果没有一点不为世人所知。**它将经受住最强烈和最稳定的光芒的照射，否则我就不会为它作辩护了。**

　　我说这句话是充满信心的，不怕任何人反对。我对于眼前这一牵涉极广的计划具有正确而明晰的全面认识，我知道它可以经得起这种考验。我知道在它经过考验以后，甚至经过最强有力的反对者的考验以后，会越来越多地清除掉愚昧的误解。后代将发现，这计划就它所要达到的目的来说，是完整而首尾一贯的。

　　在这里我要请问这些先生们：

　　如果把儿童从最小的时候起，就小心地好好加以培养，这会不会是产生、增加并延续贫穷现象的做法呢？

　　如果用正确和精密的实际知识来教导儿童，这会不会是产生、增加并延续贫穷现象的做法呢？

　　如果使儿童获得健康，养成仁慈的性情和其他良好习惯，并使他们养成积极而愉快的工作作风，这会不会是产生、增加并延续贫穷现象的做法呢？

　　假如在劳动阶级中教导每一个男人，使他们学会园艺、农业以及至少另一种行业、工业或职业的实际业务和有关知识；假如我们教导每一个妇女，使她学会用最好的方法看管小孩、培养儿童并操持所有的日常家务，使自己和旁人都生活得舒适；假如我们还教导妇女，使她们学会园艺以及某种有用的、轻松的和合乎健康的工业劳动的实际操作和有关知识，请问这个计划中的这些部分或其中任何一部分会不会是产生、增加并延续贫穷现象的做法呢？

假如消除了愚昧、愤怒、报复和其他一切邪恶情欲的根源，这会不会是产生、增加并延续贫穷现象的做法呢？

如果把一个国家的全体人民培养得节制有度、勤勉而有道德，这会不会是产生、增加并延续贫穷现象的做法呢？

如果以精诚团结和互相合作的精神使大家结合在一起，并使任何人都没有一点点不信任的感情，这会不会是产生、增加并延续贫穷现象的做法呢？

如果使世界的财富增加三倍、十倍以至于一百倍，这会不会是产生、增加并延续贫穷现象的做法呢？

我还可以对这些先生们提出许多其他问题，他们的答案也许不会像答复刚才提出的问题那样现成：但我只要提出一个就够了。

他们能提出什么办法使我国人民摆脱全国举目皆是的愚昧、贫困和堕落现象呢？这些现象如果不迅速加以制止，就必然很快会使所有的阶层淹没在一片混乱和毁灭的景象中。

我知道他们不可能根据有关这个问题的任何可靠的实际知识提出答复。如果我国政府、议会和任何党派能具有必要的知识和实际经验来消除我国和其他国家人民在身心两方面所遭受的祸害，那么，我将感到难以言喻的快慰。多年以来，我一直在全国各阶级、各教派和各党派的最明智、最开明和最有经验的人士当中耐心而沉着地寻找这种知识。任何来源，只要能从中取得所需的知识，我都从不放过。当成千成万的同胞完全不必要地在贫困中挣扎，他们的后代每时每刻都在父母眼前消瘦下去的时候，我就焦急地注意议会两院委员会的活动，想知道是不是快要救济了。但不久,我发现他们丝毫没有为部分地和全面地理解这一问题所必需的知识和经验,这使我感到非常遗憾。他们很快就陷入头绪纷繁的细节中去了。这恰恰足以使他们的理智陷于迷惘,并使国家的一切希望皆成泡影。现在,我所肩负的责任使我不得不指出:他们照这样进行一百年,也会一直停留在黑暗中,始终不能对这攸关全帝国福利的重大问题通过一项合理的法案。我有这种看法,而且它在我的心目中就像我现在看到大家一样清楚。这样我难道还能袖手旁观,无动于衷吗?难道我应当讲究毫无意义的形式和习惯而闭口不言吗?不,就我目前所能获得的知识来说,假定我为了任何一种个人打算而不设法让大家听到迄今仍然微弱的真理之声,那我岂不是成了人类的头号罪魁了吗?这种真理之声已经像方舟上的鸽子一样飞出去,再也不会回来了①。

这一真理在前进中将永不停步,直到它走遍和充塞世界各地为止。它的影响将驱散和消灭一切瘴疠和一切污秽邪恶的东西。朋友们,它将使我国和其他一切国家变成理性动物的乐园。但是,朋友们,我作为一个平凡而现实的人和长期熟悉人类事务的人向你们提出:在这个时期来临以前,你们身上**有许多东西要革除,你们有许多东西要学习**。你们的行动中的这种变化,不会也不可能通过魔术来完成。这只能逐渐地、一步步地完成——在实践中运用正确的原则来完成——在经验指出更好和更有利的方式以前,只能根据初期不完善的方式来完成。

---

① 据《旧约全书·创世记》第 8 章,挪亚把鸽子从方舟放出去,探视洪水已否退尽。这只鸽子两次放出,都飞回来。第三次没有回来,说明地上的水已经退尽了。——译者

我很早就认识到,而且在若干年以前就说过,你们如果能把新的事物秩序明确地提到眼前,跟过去以及现存的一切作一比较,你们就会迫不及待地要求进行这种改革了。你们将在新房屋建成并能迁入居住以前就要把旧房屋毁掉。这种感情是很自然的,但是,这种做法却是非常不聪明的。从今以后,我将毋需敦促你们实际推行我所提出的这个计划。这种计划必能为你们和你们的子女以及子孙万代提供幸福,你们希望实际享有这种幸福的迫切心情将远远不是人们目前为实现这个计划而进行准备的一切力量所能满足。但这些考虑不应当妨碍我们作出一切可能的实际准备,来消除我们现存的祸害和困苦,并毫不迟延地用一种新环境来代替它们。毫无疑问,这种环境定能产生世界上从未有过的幸福,你们当中任何一个人现在都不能对它作出明确的估价。

实际推行现在所提出的措施的方式有很多种。如果这次会议赞成我在这里普遍向公众提出的计划大纲,那么第二步应当考虑的就是:下述方式中如果有最值得推荐的方式,那么究竟是哪一种;或者说,其他方面提出的任何方式如果同样好的话,是不是应当推荐。当其他方面的方式被采用时,我将比看见自己的方式被采用更加高兴得多。朋友们,当我们忘掉个人而诚恳地与同胞们团结起来的时候,我所感到的喜悦是大家所无法体会的。

以往我所想到的以及旁人向我提出的实际方法有下列几种:

我要提出的第一种方法是切尔西区①詹姆斯·约翰逊先生寄给我的,这是一个令人钦佩的方法。我无缘认识这位先生。但不

---

① 伦敦市区。——译者

管他是谁，也不管他可能是什么样人，我现在请求向大家宣读的他这件来函却证明他有清晰的理解力、正确的判断力和丰富的实际知识。原函如下：

"欧文先生阁下：

"我在报纸上看到您发表的关于改善贫民生活以及解决贫民就业问题的计划，这个计划极为精辟、极有见识。我认为，在一切可能采取的计划中，看来这的确是最能促进国家的普遍幸福和繁荣的计划。因此，我不揣冒昧，修书请教。正像一切伟大的事业一样，在这计划进行过程中，无疑地会对它提出许多改进的办法，但这些改进只能是容易采用而毫不伤及原计划的改进。采用这个计划时，只需要政府加以支持和保护就可以实现王国内最有成效的全国性生产组织。它将使贫民感激和祈祷，也会博得国内一切善良人士的普遍赞扬。它将很快地使目前社会上怨尤愤懑的和不幸的阶级中成千成万的人变为感恩戴德、尊敬长上和恪守国法的人。正是穷困首先使人冷淡无情并时常在不知不觉中使人走向堕落和铤而走险，接着整个国家就陷入普遍的苦难之中。

"未来幸福的前景一旦展示以后，人们就会有耐心来等待享受它的日子。我写这封信的目的只是为了提出一个简单方案来筹集实现这一计划的资金。我认为基金有十万镑就够了；至于这笔钱究竟应当作为一个新村的基金还是分成较小的份额，则可因时因地制宜。这一数目的一般利息是五千镑。我想不难找到一百个极愿倡导任何增进贫民幸福的事业的绅士，我们在全国各地的慈善团体中可以找到证据（充分的证据）说明，在有必要的时候，从来也不会缺少慷慨的精神。

"如果有一百个殷实户提倡这个计划,那么这个计划就可以很容易地用下列方式完成:开头的时候政府如果愿意垫出这十万镑的话,这一百人中的每一个人就都可以担任这种生产组织的理事,每年向政府付出五十镑以支付利息。所有的理事都可以尽自己的能力在这生产组织中雇用目前失业的贫民,这就可以大大减轻济贫税。这时理事们将有权根据教区救济册上失业贫民的减少而降低其应付的济贫税的税率。这样就可以减轻理事们的私人财产由于必须支付政府利息而承担的负担。如果我理解得正确的话,这种生产组织最后是会产生利润的。这样一来,理事或者他们的受让人就可以有权偿还政府原来垫出的十万镑。但是除非政府认为恰当,他们就无权更改已经确立的规定。否则,为了利润,这种生产组织就可能变成一种投机事业而自取灭亡。我深信,政府如果保护这种事业,就能使它获得其他方式下所无法获得的力量和安全。理事(而非政府)将有权进行这些安排。但计划一经确定之后,如不得到政府的同意,他们就无权更改。我希望这个粗略的大纲不会被认为是毫无意义的。我万分诚恳地希望您的真正的慈善事业一帆风顺。谨致

最崇高的敬意。

"您的恭顺的仆人,

"詹姆斯·约翰逊

"1817 年 8 月 4 日于切尔西区"

在我看来,这个计划是完全无懈可击的,但我还可以征求其他方式,而其他方式也很现成。比方说:具有一百镑现款和一年的生

活物资的人，便可以根据这个计划结合起来，极为顺利地使之付诸实现。贫民人数众多、每年开支浩大的大教区也可以立即实行这一计划。根据贫民的人数和每年的开支，许多教区可以在吉尔伯特法令①下联合起来，以最利于它们本身和全体贫民的方式来实现这一计划。

富人如果希望改善他们所供养的人或其他人中那些愚昧、无知、邪恶和可怜的人的状况，也可以由一人或若干人按照上面所提出的方式组织这种生产团体，从而为同胞们谋求最大福利。富人这样做就能极其有把握地增加他们的收入，并使他们的人生乐趣与时俱增。但在上述两项或其中的任一项计划没有实现以前，我还有其他的任务要完成。我必须指导建立一个包括以上所提出的全部安排的完整的示范团体；此外还要制定**唯一**能管理这些新村居民、使之获得以上所预言的一切利益并在改进过程中永不倒退或停滞的规章制度。

我还要做这些事情。在我的健康、精力和其他条件允许时，我将始终尽个人的一切能力，根据现在提出的计划帮助这类新村兴建起来。如果我能真正帮助推行任何方面拟制和提出的任何更优越的计划，我将同样感到快慰；不，凭良心说，这样帮助别人所得到的真正快慰，比我支持自己的任何计划还要大。

但我要声明，在世界上愚昧和无知的阻挠下，我进行了将近三十年的深刻的研究和积极的试验，以便使我们现在所看到的计划

---

① 威廉·吉尔伯特(1720—1798年)所提贫民救济法案，于乔治三世时期通过成为法律，于维多利亚女王时期废除。——译者

能十分成熟起来。我这样进行工作，并把计划所根据的原理突出地提到公众面前的时候，已经花了很多钱，数目之大足以使一个普通人或目光短浅的谨慎小心的人望而却步。直到目前为止，我从来没有而且现在也不为这样花去的任何一点时间和一个先令而感到懊悔。我不要求报酬，而且也不应当得到任何报酬：我只是完成了我的责任。我从青年时代以来所抱的主要的伟大人生目标到现在已经完成了。这原理和计划目前已经牢牢地扎下了根，甚至今后全世界的人联合起来也完全无力把它们从公众的心目中铲除。从现在起，它将日益加速地得到推行。"沉默不会阻碍它的进展，反对则将加速它的活动。"现在我可以说：我的伟大事业已经完成了。我以难以言喻的愉快心情把它交给旁人，让他们指导。死神如果降临的话，对我说来将不是，而且现在就不可能是一个不受欢迎的客人。不论他在什么时候高兴怎样来临，我都将欣然接待，其时的满意心情，现在你们之中也许还没有任何人能适当地体会到。

但是能够看到这种令人欣喜的团结合作的协作社在我国和其他国家盛行起来，将使我感到高兴。如果我还能多活一些时候，我最高的雄心壮志就是在这样一个幸福的新村中作一个普通居民。在那里我的开支每年将不超过二十镑。

我对于自己的事情说了这么多，感到非常抱歉。但我认为这还是有**必要**的，这样就可以使大家对这个问题的各部分都不发生误解。

现在要紧的问题是考虑一下在这个会上应当提出什么样的决议案。可以提的东西很多，我们现在很可能得到重大的进展，使以上所提的计划立即在许多地方实现。但是，我最关心的是这件事情不能采取任何为时过早的步骤。

根据许多政论家和公务活动家的评论来看，我认为这问题还**没有为人所理解**。直到目前他们所看到的还只是我所想到的很少几个部分，而且以一种很不调和的方式和他们自己的许多概念混合起来；他们那些概念和我提的计划则是风马牛不相及的。许多敏感而明智的人对于这一问题事先没有认识，对于这种新奇的人力组合法感到十分诧异而吃惊，因而很自然地得出了这样一个结论：提案人一定是一个疯子、一个幻想家，要不然就是一个热情冲动的狂人。他们从没想到实际上我一直是一个脚踏实地、辛勤工作、坚忍不拔和实事求是的人，而且从事各种普通的和大规模的实业活动已经三十五年了。由于考虑到这些情况，同时我又不愿使任何方面感到惊异，所以我认为对于这个问题、对于国家、对于某些只要这计划证明具有我所提出的优点便急于要加以提倡的人来说，这计划都应当分别在细节上进行最严格的考查；并且要作为适于形成全国性和世界性的大规模体系、使人类摆脱愚昧、邪恶、贫穷、犯罪和苦难的整体计划，进行最严格的审查；目前整个世界正沉沦在这一切状况之中，受到它们的压迫，使各界和各阶层的人都受到严重损害，他们在整个社会迄今所根据的根本错误的概念下是无法获得幸福的。

这一高尚而重大的任务——这一无愧于我们时代的事业——必须交付给我国在地位、智慧、实际经验和急公好义方面都最受人推崇的人，由他们进行冷静而成熟的考查和研究。他们应当有足够的人数，并且不能有党派、教派和阶级的界限；他们应当组成一个全国委员会，以便对我所提出的计划，对于我们的国家以及对于全世界都做到完全公平。利用这种方式,这一令人关切而重要的问题就可以从根本的地方起,一直到广泛和复杂的枝节问题止,每一部分都得到彻底而有效的检定。这样进行充分而公正的考查以后,就可以看出它的全部优点和缺点,也可以证明它是不是像我所说的那样值得大家注意和普遍采纳。

我们这个会议应当决定:目前要采取哪种方式来促使这个计划在一个地方或几个地方立即进行试验。

根据以上的看法,我请求大家首先让我一气呵成地把下列决议案宣读出来,然后再把它们分别地提供大家考虑和裁决:

1. 大不列颠和爱尔兰有许多贫民和劳动阶级目前无法获得工作来维持适当生活。

2. 大不列颠和爱尔兰的贫民、失业者和不能充分就业的人现在都由教区和到处林立而又有害的私人慈善机关来维持,这笔开支对许多教区来说是力难承担的。

3. 在这种情形下,贫民和劳动阶级普遍遭受的贫困和灾难大概比我国以往历史上任何时期都严重。

4. 产生这种情况的原因是人类体力劳动的价值和人民一般衣食价格相比时低于以往任何时期。

5. 除非社会作出其他安排,有目的地使一切能够并且愿意劳动的人获得生产性的工作,体力劳动就不可能以有利于国家的方式重新获得恰当而必要的价值。

6. 如果能找到方法使任何国家的劳动能作最有利的运用,这在政治经济学上来说,是最富于现实意义的事,因为这对一切阶层的幸福和福利都有最根本的影响。

7. 我们必须减低济贫税,并逐步消除贫穷以及随之而产生的一切有害和使人堕落的后果。

8. 对于这一攸关我们帝国和其他许多国家的根本利益的问题,要想做出郑重而严肃的判断,就不应草率从事。现在所提出的计划应当由各阶层中最明智、最富于善意并由于原先的素养而能对这一问题提出实用意见的领袖人物组成一个委员会进行仔细考查和研究;因为我们现在必须做点事情了。

9. 全面考查委员会应当由下列贵族和缙绅组成,或由其中愿意为自己、为国家和为子孙后代完成这一高尚而重大的任务的人组成。委员会有权随时增加人选凑足法定人数。

10. 该委员会应当将其考察和工作的结果向明年 5 月初为本问题而召开的大会提出报告。根据委员会的决定,大会可以提前举行。

11. 本计划提案人将根据委员会的要求随时提供自己所掌握的资料。

我本来无意在目前作进一步的讨论。但是,昨天晚上有一个最富于公益和慈善精神的先生(他的姓名目前我还不便冒昧宣布)来访问我,并以最慷慨的态度提供一千五百英亩左右的土地让我作无限期的使用,这块土地从各方面来看都适于做试验,其价值至少有五万英镑。我在 10 月以后的任何时期,都可以用来做试验。因此,我不禁要提出以下各项补充决议案:

12. 现在最好是尽可能立即进行一次或更多次的试验。

13. 这方面的募捐现在已经开始,募得十万英镑或相等价值的土地时,就可以立即开始进行一次试验。募得二十万英镑以后,就可以立即开始进行第二次试验。以后每多募得十万英镑就可以开始进行一次新的试验。

14. 下列各位先生或其中有意参加活动的人,可以组织一个特别行动委员会,在本计划提案人的协助下指导并监督这种试验。

15. 由大会向那位为国家慷慨捐助土地,供我们在需要时做试验用的先生表示最诚恳和最热烈的谢意。

8 月 14 日会议述评

（1817 年 8 月 19 日载于伦敦各报）

致 编 者 函

编辑先生：

上次讨论"消除国家目前的贫困……计划"的公开集会休会以后，将于下星期四在伦敦中心区酒家重新召开，所以应当立即使大家了解下列情况。如蒙及早发表，则将使我再次叨惠。

你的心怀感激的，

罗伯特·欧文

8 月 16 日于波特兰广
场，夏洛特街 49 号

第一次公开集会讨论了"**改良、改革而不革命的计划**"，已经在一种特别有趣的情形下结束了[①]。那次会议是我召开的，那时我是单枪匹马地直接反对我国各教派、各党派和各阶级现在所存在

---

① 欧文指的是 1817 年 8 月 14 日在伦敦中心区酒家召开的会议。会上欧文发表讲演（即《讲演词一》）后，同拥护马尔萨斯"人口过剩论"的经济学家以及其他反对欧文计划的人展开争论。由于喧闹和无组织的争论，会议决定休会，过一星期重新召开。——译者

的一切的错误和偏见。我急于想知道,在不受名人或权威的影响束缚时,公众意见的真正倾向究竟怎样。因此我有意地不请其他人陪伴,而只请罗科罗福特和卡特先生跟我一块去。罗科罗福特先生对伦敦中心区内的公开集会很熟悉,他的经验可能比任何人都多。卡特先生则是工业和劳动贫民救济协会委员会的秘书(我在这个问题上的公开活动是从这一委员会开始的),他对于这个问题的了解比其他先生们都清楚,所以对于推动即将实行的措施来说,他的帮助的确是令人欢迎的。我和这两位先生事先决定:大会主席要确实做到听凭大会选定,因为对我来讲,选谁担任主席都完全没有关系。然后我们就走进了会场,一眼看去,会场里挤满了到会的人;罗科罗福特先生要求大家自行推选主席,许多人立即提出他的名字,此外再没有提任何人同他竞争。他推辞不就,并且提出了充分的理由。他说,"他的健康情况使他不能冒昧担负这项工作。"因此,他一直完全没有考虑接受这项任务。然而如果一个忠实地献身于济贫事业、具有长期经验和高度的理智并且对于大会即将讨论的问题有部分了解的人,虽然由于工作繁重而非常劳累,但仍适合担任大会主席的话,那么罗科罗福特先生就肯定应当担任。推辞无效之后,他就接受公众的意见,终于走上了主席台,宣读了公告,并且说明了我为这次会议所准备的内容。那时,他完全不知道我所要说的话和我所要提出的决议案。在这里我要指出的是,在开会以前的几天当中,接连不断地有许多人写信或亲自向我提出无数要求,使我无法及时做好发言准备,甚至连誊清的发言稿也没有来得及通读一遍,因为上午十一点当我从家里出来时,这稿还没有准备好。在这种情况下,这一天的活动就开始了。当时就跟过去和现在一样,我知道在我所谈的问题上我将得到成功;而且不论发生什么大大小小的障碍,都将继续得到成功。

反对我所提出的原理和计划的人,首先是人口增长过快将产生祸害(这是世人深为惧怕的)这种观念的某些年青信徒;一些主张事先不要对人民进行教育、也不要使人民获得生产性工作就开始改革的人;此外还有一些是反对政府一切措施的人。

只要知道我国和全世界宜于耕种而现在仍然荒废未用的土地有多少,再加上我国农场主(其雇工所能生产出的粮食十倍于自己所能消费的粮食)每人都知道的实际操作法,那就足以使每个有脑筋的人认识到,再没有任何说法比"人口以几何级数的趋势增加,而粮食只能以算术级数的趋势增加"①这一说法更荒谬的了。

如果我们要改革我国任何一项重大的制度而不事先做好准备,并实行各种办法使广大人民群众受到良好的教育,获得有益的工作,那就不可避免地会马上造成革命,并将使各种恶劣情欲得到新的和广泛的刺激;暴力手段就将随之而来;每个人,不论智、愚、贤、不肖都将同样遭受痛苦;在一个短时期之后,我国和整个欧洲、整个美洲都将陷入一种普遍的无政府状态和骇人听闻的混乱之中,前不久的法国革命对于这种状态来说只不过是略示征兆而已。

任何行之过早的国家改革,都必然会得到这样的后果。除非首先使人民有智、有节,并且为他们提供生产性的工作和有用的职业,突然的和准备不充分的改革便是最可怕的事,从而也是应当不

---

①　这是马尔萨斯反动的人口理论的一个基本观点,它是毫无根据的、荒谬的。参见本书第96页注①。——译者

惮其烦地多加防范的事。所有的人,不论贫富,不分改革者和反对者,都将在这种改革中遭受严重损失。任何方面所进行的这种考虑不周和目光短浅的行动全都应当遭到每一个肯思索的人的坚决反对。

其余的反对我这计划的意见,是那些长期以来惯于有系统地反对现存政府的一切措施的人提出的。他们认为自己在现有的条件下可以把事情做得比现在的做法更好。我毫不怀疑他们这种想法是出自诚意的;但是到目前为止,他们并没有提出任何真正有益的、也就是切实可行的东西来。多年以来,我一直极其冷静而不动感情地观察了这两方面的人,考查了他们的言论和实践。从下述的结论来看,这两方面都有一些人是不在其例的;但是作为两个方面而言,作为两个行动集团而言,我对它们的行为有了多年的体验,现在是不会再看错的了。这些结论是:现在的大臣们完全确信他们由于以往的环境而被迫遵守的那些原理是错误的,确信他们所支持的制度是充满错误的,并带来许多严重的和可悲的祸害;如果知道怎么办的话,他们就会诚恳而迫切地希望铲除这些祸害;但作为大臣而言,他们没有足够的实际知识来实现这些愿望。他们正在寻求这种知识,最后他们将在那些既有学识又有实际经验的人士当中,在那些明智而独立不倚、不致受到任何党派动机或不纯动机影响的人当中找到这种知识,这样他们就可以使国家和人民迅速而安全地获得改进。

反对方面藏身在一种假智慧的迷魂阵中;这种智慧如果光讨论一下倒还令人满意,因为在外表上看来是很有学问的;但是仔细检查一下的话,就会发现其中没有实在的东西,也不可能发生任何实际作用;如果让这些人明天掌权的话,除开格兰维尔勋爵和少数其他人以外,全都会被发现只是夸夸其谈的理论家而已,完全不配担任铲除国家贫困现象的任务。

　　但是各方面真诚的好意却远远超过了反对方面所揣想的程度,甚至连冒进的改革派内也是如此。其中很多人,我都很熟悉。作为朋友而言,我对各方面的许多人士都很爱戴。我只希望我现在能扫除每个人心目中的隔阂和歪曲的气氛,使大家能毫无偏见地开诚相见。我相信做到这一点的日子已为期不远了。

　　会上有些发言人提出了一些特殊的反对意见,这些意见非常不切题、非常空洞,而且也违反日常经验,说明他们对于目前的问题的确是一无所知;因而使主席在看到听众十分疲倦以后,便限制我不要超过一般性的答复。我立即同意了这个意见,因为对于他们的反对意见以及许多其他反对意见,在会议散发的印刷文件中已经作了充分的答复。我向所有衷心关心国家安全、希望贫民和劳动阶级的境况获得改善并希望全体人民毫无例外地获得幸福的人推荐这些文件,希望他们冷静而细心地加以考虑。

　　现在我已经把这个问题的初步但又是必要的内容提出来了,所以在下次会上我便打算把本计划的细节提出来。我知道上次到会的许多人原先就完全不了解这一计划,因为他们没有看到原先所发表的报告和文件。我还打算要求由高度明智的人士组成一个广泛的委员会、也就是人数众多的委员会进行严格的考察和研究,并对这项作为局部措施或全国性普遍措施的计划提出报告。我的看法,不,我冷静而不动感情的信念是:这个计划作为这两种措施而言都会证明是非常有利的,并且对于所有国家和每一个人都是非常妥善而有益的。

在上次会上,我满意地看到:当事情进展正常时,一般的意见非常明确而肯定地赞成我原先所提出的措施。大多数人都始终不赞成与我的决议案相反的修正意见。在相当长的一段时间内,我关切地注意着那些企图破坏会议目标的人的活动。这些人对我来说全都是陌生的。我希望了解一下他们的思想深浅如何,也想弄清他们周围的特殊气氛是怎样的。这一点很快地就办到了。后来,反对方面(如果他们应当称为反对方面的话,其实他们对我的事业做出了重大的贡献)企图捣乱。我看到这种情景时的心情,正像在一所管理得极糟的疯人院里看到这么许多人时的心情一样。但是不能让他们这样下去。这些人的确值得我们同情。我们至少必须努力帮助他们,即使同他们现有的成见及其所养成的感情格格不入也应当这样做。

罗伯特·欧文

讲 演 词 二

（1817 年 8 月 21 日星期四在伦敦中心区酒家
发表，22 日载于伦敦各报）

上次会议①结束时，秩序有些紊乱。但我相信而且也满怀希望地预计这种会议将来会进行得更有秩序、更有礼貌。那次我没想到我会发现，当代一些杰出的发言人的实际知识是那样贫乏。他们还需要学习政治经济学体系的全套基本知识。在上次会上我诚然具有充分的证据说明他们未曾在正确的道路上跨进一步，使自己能得出一种有用的实际结论。因此，我希望今天到会的一切支持冒进改革②的人听我讲话的时候，会像倾听任何一个他们确信完全是在讨论他们自己的幸福的人在讲话一样。你们说，你们希望给贫民和劳动阶级以更多的自由，减少政府的开支和税收，以便改善贫民和劳动阶级的生活状况。我们不妨假定这两项表面上十分重要的目标达成了；在这种情形下，最愚昧和最放荡的人便可

---

① 指 8 月 14 日会议。——译者
② 即欧文所谓的"冒进的改革派"。在 8 月 14 日召开的会议上反对欧文，认为他的计划是要把全国变成一个大习艺所。——译者

以为所欲为,政府的税收和开支则每年可以减少一千万镑,那么,你们认为你们会比现在更好吗?这是办不到的。你们反而很快就遭遇到相反的情形。目前政府所征收的一千万镑通过某些特殊途径以后又用到劳动人民身上了;在你们所说的情形下,这笔钱就会抽出去,而这些劳工就会完全靠教区救济,因而就会产生苦难和堕落的新源泉。诚然,政府所征收和开支的一千万镑,如果不像这样征收,便可以由个人通过其他途径支出。但在后一种情况下,受雇的劳工并不会、也不可能比现在增加一个,而原来雇用的一批劳工却会换成另一批劳工,这就不可避免地要引起很大的苦难。目前如果全体臣民所得到的自由多于不列颠宪法所能够稳妥地给予他们的自由,那么善良人民的生命财产和国家的安全就岌岌可危了。在贫民和劳动阶级还没有获得更好的教育、更有用的知识以及经常的生产性工作的时候,任何真正明智的人对于已经逐渐成为现在这种样子的我国人民都不会贸然提供比不列颠宪法目前在一般情况下所准许的更多的自由。如果认为现政府具有不受真正民意的影响的权力,那便是错误的。若干年以来,政府完全是受着这种民意的支配的,我目前的行动十分确定地证明了这种说法的正确性。如果你们希望真正改进政府,你们所能采取的唯一有益而**实际**的步骤便是增加群众的知识和改进群众的行为。那时你们的两个目标就可以安全而有效地达成了。我国政府现在无法抗拒民意的影响,不论那意见是对还是不对都一样。因此,对政府和人民来说,最要紧的是群众不能受到肤浅的教育。应当使他们获得充分而实在的知识,并且应当提供有效的办法,使他们受到希望变成理智人物的那种人应有的培育。相信我吧,朋友们,当你们从各方面努力,用人们迄今为你们那种救济和改良而提出的任何一种幼稚、行不通和无用的计划来达到目的而遭到失败的时候,你们最后就会发现唯一能达到这种目的的道路是使所有的劳动阶级获得生产性的工作和良好的培育。现在我要求大家回家以后等心里的怒气完全平息下去,抽空再考虑一下我平心静气所说出的一切,因为只要心里还有怒气未消,就不可能作出理智的判断。我相信,你们像我所要求的这样做了以后,不久就会同意我所说的一切。

现在我必须谈到另外一些你们和在座的其他人都很需要透彻了解的问题。我说过,由于我国的新处境,逐步改变关于劳动阶级的安排是绝对必要的。我认为让公众更清楚地了解我对于这一部分问题的看法是很有用处的。

在上次战争①开始时,大不列颠和爱尔兰的全部产品是由**五百五十万**左右的劳动阶级加上比较有限的机械力量生产出来的。战争需要大批青壮年从事各种军事活动,同时战争也需要各种军需物资,其规模大大刺激了机器的迅速发展,这种双管齐下的作用使我国在刚获得和平时拥有**六百万**左右的劳动力加上比以前更大的机械力量。这些机器每天都在运转,其效力相当于增加**一亿五千万**劳动力所产生的效力,而且生产时又不吃不穿,只需要少量的其他工业品就行了。我国和其他国家的供求状况在不知不觉中发生了这种变化以后,就必然会产生以下的结果:年产量大大增加,但不能相应地增加消费能力。因此,前者大大超过了后者,而产品也就必须大大缩减。这时人们马上就盘算个人利益,并且发现机

---

① 指英国对法国的战争。参见本书第136页注②。——译者

器比人力便宜。于是人被解雇，人的劳动的价值因而迅速下降，接着一切商品的价值几乎都跟着下降了。这样一来，马上就带来了普遍的贫困，这是每时每刻使你们遭受苦难的主要原因。当这种原因继续存在，而人们又没有作出其他安排来正确地指导这个世界上从未见过的神异力量时，你们所遭受的苦难就不止是现在这一点，将来还有大得多的苦难在等待着你们。纵使你们从明天起，连一个先令的国债和税款也不缴，政府所做的一切全都免费，在几年之内，我国或是其他某个国家所将遭受的损失必然会比大家现在所遭受的更大。机器本可以成为人类最大的福星，在目前的安排下却成了人类最大的灾祸。当政者应当掌握这一问题，并彻底地理解它的巨大影响和后果。他们应当注意最有价值和最宝贵的事情，可是他们为一些琐碎的小事忙得不可开交；他们只要把现在搞那些地道的鸡毛蒜皮的小事的精力用在这些有价值的事情上，便会取得无限丰硕的成果。现在就应当考查这一问题，否则不久以后可怕的必然性也会强迫你们去注意。我们和其他各国都已经被这种力量置于这样一个境地，使得很大一部分人完全违反自己的意愿而无事可做。他们必须受到供养否则就会挨饿，要不然就得使他们能生产自己的生活资料。**因此我们必须为他们做点事情，而且必须马上做出来，否则社会很快就会陷入混乱状态，其程度是人们事先无法充分估计到的。我们必须做的事情当然是在土地上雇用劳工。其他的道路不可能有。**

因此现在的问题是：怎样才能把人力以最有利的方式用在土地上，使他们生产自己的生活资料，充分满足自己的需求？有没有任何一个人的处境使他能理解这一问题呢？甚至只要部分地理解就行了。如果有这样的人，那么现在就提出来，并且请他出来给我们讲讲实际上应当做些什么和可以做些什么。五年以来，我一直在寻找，但一个也没有找着。如果我原先找到了这样的人，我早就会把自己积极探讨和实践将近四十年后所搜集到的全部知识和经验（我搜集的唯一目的是使各个国家和各种肤色、各个阶层和各种类型的人都得到益处）告诉他，而我则终身隐退、不求闻达于世。假如这种人将来能出现，并愿意以一种方式来倡导这一最令人关切的问题，使之能在世界上实现，并使人们获得其无穷利益，那时我也将自得其乐地过着隐姓埋名的生活。对我的思想感情来说，显赫的名声使我感到的痛苦比快乐要大得多，**事实**如此，不论你们相信还是不相信我的话。一个有理性的人不会也永远不可能从同胞的愚昧和低能当中获得满足，然而名声或名誉却只能从这种愚昧和低能当中得来。由于找不着我所要求的这种人，我才亲自把自己从经验中得来的实际知识的结论介绍给你们。这完全是为了你们的利益和实用，而且我是不顾人们通常所珍视的一切把这些结论告诉你们的。问题是怎样才能以最有利的方式雇用人力，使他们生产自己的生活资料，满足自己的需求呢？我的答复是：

第一，**不能采用社会上任何已有的安排办法，因为我们已经充分证明这些办法完全不适合我们的目的。**

第二，无论在茅屋里还是在皇宫里，任何可能使人的行为变得自私的安排办法都**不能**采用。因为，如果一个人的性格像这样形成，而周围的环境又会而且那时也必然会与这种性格一致，那么他就必然会成为一切人的敌人，而一切人也就必然会与他为敌，并且反对他。当社会上这种安排办法继续存在时，基督教中唯一有价值的精华部分便不可能发挥作用。自私的人同基督教中一切真正有价值的东西是格格不入的，而且也永远完全无法结合在一起，就像油和水没法结合一样。请那些希望基督教遍布天下的人努力理解这一点，并把两千年以来使他们的理论同世界的实际情况无法结合的原因找出来吧。

第三，我承认，如果购买一所农舍，把它租给一个劳工，其土地也足以维持一个勤俭家庭的生活，这就自然能大大地解除社会的困境并使之获得改革。但弄清这种安排的全部细节以后，就会发现这种安排很难实行、非常费钱，而且也很难取得目前在革新劳动阶级的精神面貌并改善其境况方面所需要的一切成效。当我们继续进行这一有趣的探讨时，我们就会发现，由于我们对于自己身心能力的知识有限，人们才提出这种方式，认为它比联合劳动、联合消费和联合教育的方式好，后者和一百二十年前约翰·贝勒斯所提出的一项实际计划是相符合的，而且跟政治经济学中最正确的原理也完全一致。现在我们不妨把这个计划稍加扩充，然后再跟分散的、互不合作的农舍制度相比较，因为后者显然是目前社会所提供的最好的一种安排。

第一，在农舍制度下，必须有独立的住宅和每户通常都有的全部附属建筑物；这一开始就比最近提交公众讨论的计划中所作的安排要费钱得多，而且完整性也差得很远。一般生活享受所需要的家务劳动至少也要多一倍。

第二，为农舍制度中的人供应食物所需要的土地比新计划要多一半，耕种时所需要的劳动力当然也要多一半。

第三，农舍制度如果不支出更大的费用和克服更多的困难，就不可能采用有效的方法，使那些目前在农舍制度下完全陷于愚昧无知的父母的子女受到良好的教育。

但在新的计划下却有最好的安排；不但可以防止儿童养成坏习惯，而且可以让他们获得好习惯和最优良、最正确的教育；通过这种安排，儿童在父母面前获得这些习惯和教育的机会比通过目前可以达到这一重要目的的其他任何方式都多，除非是经常在家里受教育，而经常在家里受教育这一办法在许多方面都远远赶不上新计划中的办法。

第四，农舍制度不能提供显然有利的方式雇用儿童，使他们以后对自己、对邻人和对国家都变成新计划中所提出的那种有价值的人。

在农舍制度下他们会变得呆笨、无知和自私到无理性的地步。

在目前所提出的计划中，他们却会变得活泼、明智和有理性地为自己打算，也就是说，真正地无私和仁爱。

在农舍制度下，做父母的将受到愚昧无知和极端自私的人必然经常遭受的一切约束。

在目前所提出的制度下，却可以逐步消除这种有害的约束。到第二代时，不仅一切惩罚手段都将成为不必要的东西，而且惩罚何以有害的道理也将为人人所知道。在这种制度下，我们只要适当地发挥仁慈精神，就可以很快而且很容易地完成历代用惩罚（如果让它试用其威力的话）所无法做到的事情。因为惩罚只是野蛮和无知的工具。

当劳动阶级停留在互不合作的状态下时，世界就可能由于年景不佳而闹饥荒。在那种制度下，生产粮食的人绝对不愿意在平常年景生产比一年消费量更多的粮食。农舍制度也会产生这种流弊。

新的制度却很容易设立积谷仓,使每一个村庄永远储备至少十二个月的粮食,以防止歉收年景造成悲惨的后果。新村将兼有大城市的一切便利条件,然而却没有大城市的无数祸害和不便。新村还将保持乡村的一切优点,但又没有目前偏僻地区所具有的种种不利条件。

事实上,采用目前我提出的这个办法便可使全国所有的劳动获得科学和经验所能提供的一切有利的指导;现在劳动却浪费在毫无用处的事情上,而且一般是在完全无知的状态下使用的。人力运用上的这种差别,很快就能产生一种有利于新制度的结果,其价值将远远超过一切税收和政府开支的全年总值。**但是,直到目前为止,谁又准备好了条件来理解这类的政治算术呢**?

农舍制度会使每一个家庭的每一个人都不能避免人人亲眼见过、亲身经历过或者说时时刻刻都可能遭遇到的不幸:——丈夫突然失去妻子,妻子突然失去丈夫;父母突然失去儿女,儿女突然失去父母。亲属的感情瞬息间被割断之后,在你们的制度下继续活在世上的人还能有什么呢?以往使人生有意义的一切全都破灭了;他们往往由于失去了唯一钟爱的人、遭到了不可弥补的损失而感到难以想像和形容的悲痛。同时也没有留下一个朋友对他与亡者之间不可名状的一切亲切关系表示或能表示万分之一的同情。此外,他还容易遭受侮辱、贫困和各种压迫,但是谁也不会帮助或援救他。大家都变得自私了,个个冷酷无情,人人都被迫比在旁的制度下多加一百倍地照料自己,因为社会的愚昧使他与周围的千万人直接对立。

在我所提出的制度下,当任何这种天命所定的事情发生时,实际情形又将是多么不同啊! 在这种团结而幸福的新村里,当不幸的人遭到疾病或死亡的袭击时,各种援助会马上源源而来。才能、仁爱和亲切的感情所能提供的一切帮助,加上一切便利条件和生活享受,都在手边。明智而知命的受难者将以愉快的心情耐心地静待事情的结果。因此,当疾病没有它那凶暴的伙伴——死亡——陪伴而单独来袭时,他就可以很容易地避开每一次的进攻;而当死亡降临到他身上时,他就服从一个从小就知道是不可抗拒的但他从未害怕过的征服者! 他离开我们了! 在世的人失去了一个聪慧、亲切而真正有价值的朋友,也可能是失去一个最疼爱的孩子;他们对自己的损失感到悲伤,人们的天性对这种事情是绝不会不悲痛的。但在世的人对于这种自然事件不会没有准备,也不会没有安排。他们的确失去了一个亲爱的伙伴,而且这伙伴愈聪慧、愈优秀,就愈受人敬爱。但他们确知,在自己周围还有许许多多亲爱的伙伴活着,因而也就得到了安慰。在他所能见到或想像到的地方,四面八方都有千千万万的人在紧密而亲切的团结下随时愿意帮助他和安慰他。孤儿绝不会没有人保护。在这种制度下绝不会发生什么侮辱人和压迫人的事情,也不会发生其他什么不幸;可能发生的只是在千万个始终和自家人一样跟我们保持亲切关系的人中失去一个亲爱的人或朋友。在这里我们确实可以说:"死啊,你得胜的权势在哪里? 死啊,你的毒钩在哪里?"①

---

① 见《新约全书·哥林多前书》,第 15 章,第 55 节。——译者

　　说到这里也许有人会问："如果你所提出的新制度真有上面所说的那样多的好处，那么在以往许多世纪中为什么没有普遍采纳实行呢？"

　　"我们世世代代的同胞为什么会有千百万人成了愚昧、迷信、堕落思想和卑污生活的牺牲品呢？"

　　朋友们，到目前为止，向人们提出的问题中没有比上面的问题更重要的了！谁能答复上面的问题呢？一个人要不是下了必死的决心，随时愿意为真理而牺牲，为了把世界从长年的分裂、错误、罪恶和痛苦的桎梏中解放出来而牺牲，谁又**敢于**回答上面的问题呢？

　　请看这位牺牲者吧！在今天，在这个时候，甚至就在眼前，这些桎梏应该突然粉碎，只要世界存在一天，它就不再复原。这种需冒危难的事业将给我造成什么后果，对我个人来说就像明天下雨还是天晴一样无所谓。不论后果怎么样，我现在都将为你们和全世界完成我的责任。纵使这是我今生最后的一次行动，我也将感到十分满足，并且认识到我是为了一个伟大的目标而生存的。

　　因此，朋友们，我要告诉你们，以往你们甚至连真正的幸福是什么也是一直受到阻挠而无法知道的；原因只是在以往向人们宣讲的每一种宗教的基本概念中，都存在着错误——天大的错误。结果就使人们矛盾重重，并且成了天下最大的可怜虫。由于这些体系的错误，人们变成了懦弱低能的动物，变成了狂暴地固执己见和盲信的人，要不然就变成了一个可怜的伪君子。假如这些品质不但被带进计划中的新村，**而且还被带进天堂本身的话，那么天堂也就不可能存在了！**

　　以往强加在人们头脑中的一切宗教的全部基本概念都跟分

裂、分化和不团结等根深蒂固的、危险的和可悲的原则紧紧地纠结在一起。其必然的后果就是宗教仇恨历来冷酷无情地或疯狂暴乱地产生的一切可怕后果！

因此，朋友们，如果你们想要把任何一点点**宗教褊狭**态度或者**分裂和分化**的教派情绪带进有着理想的团结和无限友好合作的计划中的新村中去，那就只有疯子才会到那里去寻找和谐与幸福；或者到**别处**去寻找，只要这种疯狂的错误存在的话。

我并不打算要求你们去做不可能做到的事。我知道你们**能做**什么，我也知道你们**不能做**什么。请你们再考虑一下，每一个生存着的人根据什么理由具有充分的权利享受毫无限制的宗教信仰自由。我不相信你们的宗教，也不相信世界上现存的任何一种宗教！在我看来，这些宗教全都是跟许多错误分不开的！的确，跟许许多多错误是分不开的！

我有这种看法难道能怪我吗？任何对人性真正有一点了解的人都知道我不可能有旁的看法——知道我无权自动改变我自己认为正确的思想和观念。愚昧、固执和迷信可能又会和以往时常出现的情形一样试图强迫人信仰他所不信的东西，因而使思想正确和有良心的牺牲者遭受危难；**要不然就会使人们变得极度不诚恳！**

因此，除非世界现在已经准备排除一切错误的宗教观念，并且感到公开承认无限制的宗教信仰自由是公正的和必要的，建立团结合作的新村就将是徒劳无功的；因为我们无法在这个世界上为这些新村找到**能够理解如何在和平与团结的关系中生活的**居民；我们也无法找到不分犹太教徒或非犹太教徒、伊斯兰教徒或非伊斯兰教徒、基督教徒或无宗教信仰者，全都爱邻如爱己的人。任何宗教如果产生了一点点不能符合这个标准的感情便都是**假的**,而且也必将证明是整个人类的灾祸!

朋友们(我一直到死都将把你们当成朋友看待,纵使你们每一个人都拿起刀枪马上要置我于死地,我也会把你们当成朋友看待),这就是,朋友们,在你们没有进入这种和平与和谐的新村以前,在感情上、思想上和一切行为上都必须具有的改变,而不能有任何其他改变。你们如果要分享新村中到处洋溢着的幸福和享受,就必须事先换上一身像样的衣服。

这就是我的思想和结论。我知道你们往后会仔细考虑这一切,**真理必将获得胜利**!

当你们这样做好准备以后,只要我还活着,我将随时准备和你们一同前进,并在每一个为使你们获得目前幸福和未来福利所必需的步骤上尽力效劳。

朋友们,你们如果说我是个没有宗教信仰的人,或者认为我是古往今来最无价值和最恶毒的人,我都心甘情愿。但纵使这样,也不能分毫损害我所说的话中的真理。

不管你们给我戴什么帽子都不能使谎言成为真理。给人戴帽子怎么能使真理更加正确呢?除了使绝顶的错误具有一种虚假的正确性以外,给人戴帽子还有什么用处呢?〔参看第 299 页的附注。〕

在座的诸位并没有一个人有一点点这种看法。我不打算向任何人保证任何经不住最严格的考验和考察的东西。我所赞成的只是显然实际有益的东西,而否定的则是可以证明在原理上有错误或在实际上有任何害处的东西。

　　统治和被统治者的利益以往一直显然是互相冲突的，在现有制度下将永远发生明显的冲突。法律和税收在目前必然存在的执行情况下就是天大的祸害。它们对社会的每一部分来说都是一种灾祸。**当人们停留在个体化的状态下时，这两种东西必然会继续存在下去**，而且为害的程度不可避免地会愈来愈大。

　　在我所提出的制度下，社会的这两种灾祸将逐渐减少，而且减少的程度正好和人们变得高尚、聪明而又具有理性的程度成正比。

　　每一个新村最后将由本身成员中四十至五十岁的人组成委员会来管理。如果这种年岁的人太多，就由四十五至五十岁的人来组成委员会。该委员会将形成一个巩固而有经验的本地区管理当局，绝不同受管理的任何人对立，而只会最密切地同他们永远协作。

　　这种委员会可以通过年龄最高的成员直接和政府联系。因此，在行政部门、立法部门和人民之间就可以建立最大的和谐。

　　我国的国家制度，在今后许多年内，除了在劳动阶级中，是毋需改变的。在各方面没有充分了解我所提出的制度的好处以前也永远毋需改变。

　　以往所提出的每种大规模的全国性改革，都必须牺牲某些方面的利益。那时建议者认为，只有这样才能使其他方面获得利益。但是，朋友们，我所提出的改进办法却可以使大家都能摆脱许多祸害，而不会给任何人带来任何一种祸害。这里所提出的变革绝对没有丝毫要使身居要职、享受任何世俗所崇尚的利益的人下台的倾向。不论他们享有什么样的特权，都不会有人嫉妒他们。他们的每一根毛发都将由于人民大众的生活的迅速改善而得到安全的保障。

　　某些人曾被一种远非自己所能控制的事态发展置于某种地位,我们现在所提出的逐步实行和准备充分的变革,绝不想把他们从这种地位上拉下来。变革的唯一目的是使那些被同一事态发展推到悲惨的深渊中去的人们从赤贫、苦难和堕落的情境中超脱出来。如果我所提出的原理是正确的,那么人类社会巩固而有益的变革便没有一种会不使劳动阶级的每一个人都能生产自己的生活资料、提高他的身心能力并为自己取得一种合乎天性的生活享受,这一切通过他自己用之有方的劳动,就可以很容易地取得。

　　我像这样迫不及待地指出以上各种详情,为的是使大家了解:**如果单纯调换一下受苦受难者,不论是在同一阶级内用一部分换另一部分,或是用其一个阶级换另一个阶级,也不论是用一个民族换另一个民族,都不能消除全世界目前所遭受的巨大而日益增加的祸害。**这就是一向约束着人们的行为的制度给他们造成的困境。如果遵照这些制度的原理行动的话,那就只有在严重的祸害中区别轻重、加以挑选了。

　　任何明智的人都会理解:目前不列颠人民在现存情况下获得的自由如果比宪法历来所规定的多,那就是拿国家的安全来冒险了。不可抗拒的新的机械力量一直在不知不觉中发生作用,刺激、助长和加重人类互相冲突的和自私自利的情欲。假如在建立改良的环境以前,就让这些情欲任意滋蔓,那就必然会使国家的一切宝贵的东西遭到毁灭。但在目前这种触目惊心的危机①存在的时

---

　　① 指对法战争结束后出现的危机。——译者

候,我们应当毫不迟延地采取适当办法来挽救我们的国家。

我所提出的计划将以十分有利于一切人而不损及任何人的方式确实地达到这一目标。由于某些人只看到计划的一部分而有了极大的误解,并且对于各部分结合成整体后的效果又一无所知,所以他们才提出了反对意见。贫民的生活如果能比住在新村更好,那就不会要他们搬到分配给他们的新村里去了。如果他们不愿意,也不会要他们在那里多待一个钟头。

我的意见不是说这些新村只叫目前的贫民来住;因为人们将发现这些新村对于在目前境况下不能获得舒适生活的全部剩余劳动人口,也可以提供最令人满意的安排。

现在我将按照我在上次会上所作的诺言发出指示,建立一个模范新村;并根据以上所说的原理制定管理和安排方面所必需的规章制度,这些新村也唯有根据这些原理才能办得顺利。

但是目前对于社会的福利来说,最要紧的是这一重要问题应当立即全部提交给国内最明智达理、最有科学头脑和最有实际经验的人所组成的委员会讨论。我们已经从各阶层和各党派中选出了几位最有名望的人。这并不是说,其他许多同样可以担负这种高贵委托的人就不能再提了,而是像有人提议的那样,委员会应当有权增加人选,这些人可以事后再增加进去。

我现在不准备把上次会上所宣读的但没有投票表决的决议案①提请这次会议讨论和通过。最好的办法是先在委员会中进行讨论,以备将来作进一步的研讨。

---

　　① 见本书第249至251页。——译者

再论救济贫民与解放人类的计划

一 封 公 开 信

(1817 年 9 月 10 日载于伦敦各报纸)

为讨论我所提出的计划而召开的上次会议或第二次公开集会已经结束了。① 从开始到终了,我都感到十分满意。每一个显要人物都是按照事先的安排准确地行动的。在两次会上提出的希望会议予以赞同的那些措施所引起的反对意见,很好地起了应有的作用,因而推进了我的全部意见,使这个计划全部被接受的时间比在其他情形下可能办到的时间提早了几年。我急于想使公众明了这些反对者的愚蠢和无能,所以在大会开会之前,我最担心的是反对者没有足够坚定的立场来促使他们提出一切可能提出的反驳论点。

因此,在两次公开集会召开以前两三个星期我就在广泛流传的报纸上把我的意见发表出来。我希望这样能恰好给各方面一些刺激,使他们提出一切可能提出的反对意见,而又不产生个人之间的摩擦。我的目的达到了。因此,我就明确地看出了这些反对的意见究竟有多少,意见的质量怎么样。使我感到吃惊的是,这些意

---

① 欧文指的是 1817 年 8 月 21 日召开的会议。——译者

见在质和量两方面都太差了。反对这一计划的人只是某一党派的渣滓,这的确超过了我最乐观的估计。他们看不到自己的第一步成功将不可避免地导致自身的毁灭。我早就知道最大的阻力充其量终归不过像一片羽毛抗拒旋风时所能发生的阻力而已;然而我的事业一开始只遇到这样少的反对,这肯定地说明社会条件已经完全成熟,可以进行即将实现的重大改进了。

在公开集会上反对这一计划的先生们(我对他们绝无反感),不能肯定我希望不希望听取那些教育不良和知识不足的人对于旨在救济他们并改善他们情况的任何措施的意见。不,我不希望听取! 在他们被教育得具有更好的习惯并变得理智以前,他们对于这些问题的意见是没有价值的。

我召集这两次会议是为了寻求最好的切实可行的方法,以便在最短期间为他们实现这些目的。召开第一次会议只是想确定一下,在推行我早已决定的措施时,如果进行得比我年初离家时预计的速度更快是不是稳当。因为我到城里①以后,就发现公众对于这计划的实际部分的探询和盼望开始超过了我最乐观的希望,也超过了我为了立即实行这计划而做的准备。

这样对于公众意见进行头一次测验后使我确信:与会者最明智和最不带偏见的那一部分人比我所预计的要进步得多。这一认识加上我事先与各阶层和各阶级的私人交往,使我相信社会上肯思索的人十个之中有七个心里已经准备跟着我走了;支持旧有谬见与流弊的人虽然还在考虑如何为无法辩护的事情辩护,其他三

---

① 指伦敦。——译者

个人当中有两个将转而支持**新社会观**，另外一个则将无能为力。

接着我就绝对必须召开第二次会议以便使我能往前进展；因为在我确知为世人取得**言论自由（全体人类的自然权利）**的时候是否到来以前，我不能往前迈进一步。要达到这一目的有两种方式：一种是求助于一个由各界人士中性情最善良、知识最丰富和最明智的人组成的委员会，从他们的共同智慧中取得**完全的言论自由**，作为改善人类生活状况的第一个必要步骤。另一个方式是立即测验一下公众的看法；个人冒着一切危险去肯定一下公众对于这个最令人关切的问题究竟抱什么态度。我决定把两种方式都试行一下，以便在一种方式失败时还可以采用另一种方式。因此，我在会上讲演的一部分目的便是试探公众的看法。我的话刚讲完，会场便发出真正由衷的掌声和欢呼，这就明确无误地告诉我，世界已经解除了思想的奴役——愚昧、迷信和伪善的枷锁已经永远被粉碎了——确立这些原则的道路已经顺利地开拓出来了，这些原则将在实际上使人们消除刻薄偏执的精神，并消除其他一切产生分裂和分化的原因。〔参看这封信末尾的附注。〕

当人们所受的培育还在使他们彼此仇恨、彼此完全不了解的时候，幸福就无法取得，也无法保持。

通过这种方式确定了理智的实际进步程度以后，我便达到了召开这次会议所要达到的一切目的。七点的时候还留在会场的人通过了一项阻挠会议任命一个委员会的修正案①，这只能对我的

---

① 在8月21日会议上，欧文建议组织一个委员会讨论其计划（见本书第272页）。此次会议通过了改革派提出的修正案。修正案把贫困现象归因为赋税繁重和政府治理不当，要求政府减少开支和税收，并进行改革。——译者

事业有帮助;因为要是任命了委员会,其基本组成成分必然是互不
协调的,这对于原来的目标说来非常有用,但委员会所必然具有的
形式以及随之而来的缓慢工作,将使我往后的一切活动受到妨碍。
我的活动的性质就是这样特别,所以我还无法从任何阶级、教派和
党派方面取得有益的援助。

　　伦敦同业公会中和其他人当中深孚众望的领袖及其训练良好
的追随者们,幸而都出来为他们帮忙,终于通过了修正案,因此我
便解除了心中出现的唯一困难,重新腾出时间,准备好最有力和最
坚决的措施,使这个计划得以广泛推行。

　　现在我们不能白白地浪费时间,但也必须防范公众怀有急躁
情绪。无根无据地作出结论是愚蠢的;认为实践能够和思想一样
快,这同样也不是聪明的想法。世界所经历的空前大变化,不可能
在几天之内产生。从我把那个实行变革的计划公之于世起,到现
在写这篇文章止,为时只不过一个月;但在所有人的心里,现存的
制度已经没有可靠的安身之所了,它的基础全都摇摇欲坠了。辩
护者到哪里去了呢? **挺身而出的人是不是有谁对于人类或人类社
会具有任何真正的认识呢**? 一个也没有。具有真正的认识的人对
于**自己**明知无法辩护的事情绝不会出面辩护。在他们说来,缄默
不语就是真正的明哲。不久他们就会有勇气来支持**自己**明知是**唯
一**正确的事情。这种事情实际上能够而且也将产生的幸福要比预
先允诺的还多。在短期间内,新制度必将深入明智者的心中,得到
他们的了解,并在一个不可动摇的基础上永远建立起来。人们熟
视无睹、充耳不闻和冥顽不悟的时候绝不会拖得很久了。现在我
们难道没有余地、没有办法使世界上享受到幸福的人比目前增加

多少亿吗？**从经验中得出的普遍的实际知识**答道：可以做到。而且除开少数被可悲的理论迷惑住的人以外，所有的人都会听从经验的指示。

呼吁自由的人们遭受着最卑劣的思想奴役的束缚——被最粗暴和最有害的情欲用锁链锁在地上，——被最坏的习惯和最不体面的愚昧捆住了手脚，——生活在身心都极为痛苦的环境中，却向解放他们的人大声疾呼：不要打断他们的锁链，并且要求让他们享有他们所享受的**一切**自由！这真是绝顶错误和束手待毙的人！他们绝不能这样，也绝不会这样下去！他们的解放就在眼前了。他们将在**身心两方面享受到真正的自由！**

如果我**现在**就进而讨论将在适当的时候完成的计划的**全部**细节，并且对他们不久就将具有的一切作出充分的解释，将这一切以其本身的光辉向他们显示出来，那就会使他们对目前的生活感到厌恶，不愿再待在这个贫困、罪恶和痛苦的巢穴里；他们的视力将被已经发出曙光的强烈阳光所破坏。对于在某种程度上已经准备理解这一变革的人，我们只要这样说就够了：我们已经作出了下列的安排，使旧社会毫无阻碍地变为**新**社会，并且还可以使人们所习染的任何偏见都不会受到过早的或愚蠢的攻击，也不会受到反对，使任何人的感情不必要地遭到伤害。用适当的办法来处理，这些偏见都将逐渐地和不知不觉地消失，直到人们忘掉有它们存在为止。

第一批团结合作新村可以只接待在同一个阶级、同一种教派观念和同一种党派感情中培养出来的人。通过这种办法，一般社会上所发生的许多最不愉快的冲突马上就可以避免，而且可以获得许多重大的好处。

　　由于**阶级**以及由于**宗教观念**或**政治党派**的差别而引起的感情分裂的**根由**，将被铲除。任何一个人在他最初选定的新村试住了一个时期，改变了对**阶级**、**教派**或**党派**的看法以后，就可以随时迁到另一个在这些方面和他有相同看法的新村中去。不然，他也可以带着自己的财产回到一般社会里去。

　　很大一部分人将由于脱离旧社会状态和在**新社会状态**下进行自我培育而立即获得**实益**。

　　第一阶级包括**教区贫民**等等，可以依次排列如下：

　　1. 正式的**教区贫民**，也就是目前完全**无法自立的老弱病残，样样事情都得给他们安排好**。

　　将来——在新制度下——就不会再产生这些无依无靠的人了。社会的第一个任务就是为这些受苦受难的人安排生活；在新制度下，如果我们可以比现在省钱省事地使这些可怜的人享受到**更多的安乐**（将来势必如此），那么我们马上就会得到很多的实际利益。

　　2.**贫民的子女**，这些孩子是教区现在被迫供养的。一般说来供养这些孩子需要很大一笔费用，但对孩子本身和整个社会都几乎没有好处或者根本没有好处。

　　谁也不会怀疑，这些儿童在新制度之下将会比现在**受到更好的教育，获得更好的工作，并将获得更好的伴侣，而且花钱也少得多**。

　　3. **能够劳动、愿意工作但无法获得职业的人**，也就是教区必须供养的人。

在新制度下,将使这些人能生产自己的全部生活资料,并且可以偿付为了使他们获得工作而购买装备物资、建立生产组织的全部投资的利息。

这三种贫民当然归教区管辖,他们可以用有利的方式,按一定的比例组织到各个"教区就业移民区"中去。缴纳济贫税的人马上就会看出立即成立这种移民区对他们是有利的。谁要让明年白白过去而不进行变革,谁就会由于自己不重视这事而在许多方面遭受重大损失。

但我们没有必要强迫任何人参加这种教区生产组织,或者强迫他们违反自己的意愿在这里多留一小时。这种生产组织应当作为办理教区救济事业的**唯一**方式;这种方式比现存制度有很大改进,所以请求这种救济的人就不应当再从其他教区领受救济。我们应当指定受过适当训练的管理人员和助理人员,根据为了便于作正规管理而正式制定的规章,来指导这些贫民的生产组织。**这种规章将完全根据防止流弊的一贯原则拟定。**

第二阶级是**劳动阶级**,由**没有财产**的人组成,必须在第四阶级的自愿独立协作社中受雇,并为他们工作。

第三阶级也是**劳动阶级**,包括现在的**劳工、手艺人和小商人**,每人**拥有一百至两千镑的财产。这些人将组成十二个自愿协作社或十二个组。**

这一阶级的第一组由拥有财产一百镑的人组成,男女成人或儿童不论;这些人还能继续自行维持生活一年,或一直维持到新村住宅建成为止;但成年人根据其年龄和精力条件,应当能在今后五年内进行适度的日常劳动。他们的生活条件从一开始时就可以比我在致工业和劳动贫民救济协会委员会以及下院济贫法委员会报告书中所描述的那些贫民的生活条件好得多。

这一阶级中第二到第十二组将由这样一些个人和家庭组成，他们除了能在新住宅建成以前自行维持生活以外，每人还能投资二百镑至两千镑，并且在参加各组以后愿意从事生产组织中的正常工作。在那里的安排方式下，**过分劳累的、令人不快的或在任何方面有害人性的工作都将广泛采用机器和科学方法来操作**；他们的一切工作，不用说，将是尽可能有利于健康、令人愉快和生产效果最大的。他们的各种生活享受，将按照他们最初投入的和往后所能赚得的资本的多寡来决定。最后，他们必然**全体**都能参加自愿协作社中最高的一组，**使机器和科学方法成为人类唯一的奴隶或仆人**。

这些协作社中的成员都将处于平等地位，并由一个总委员会管理，委员最初由他们自己选出。总委员会又将选出以下各小组委员会：1.卫生，2.教育，3.农业，4.工业，5.商业，6.家庭经济，7.对外联络（包括对帝国政府的联络）。各小组委员会选出主任一人，作为各部门的主管人，其余的人则是他的咨议和助理人员。上述各部门的工作将分别由各小组委员会指导。几年以后，当大家都受到适当的教育时，总委员会将由四十岁至四十五岁的全体成员组成；该委员会经多数通过后，有权从各种年龄中选拔具有特殊才能的人参加总委员会工作。

第四阶级或**自愿独立协作社**，将由不愿或不能从事生产工作的人组成，每人拥有一千至两万镑，并用自己的资本雇用第二阶级的人。他们将根据财产的多寡分成不同的协作社。

这一阶级的每一个协作社将由一个总委员会和七个小组委员会(与第三阶级相同)管理。在其中受雇的第二阶级的人在管理生产组织的总委员会中没有选举权也没有被选举权。但是这种第二阶级或劳动阶级在各个自愿独立协作社中受雇时,可以从自己人当中选出七人,配合由各小组委员会委任的一人组成另外一个小组委员会,通过投票方式选出主任一人。像这样选出的小组委员会将监督雇主与雇工之间的一切协定和事务。不用说,在七年之内雇工的一切生活必需品都将得到丰富的供应,并将获得合理的娱乐。七年满期以后,年满二十五岁的每个成年人便可以根据自己的志愿,从生产团体中领取一百镑,成为第三阶级即拥有财产的劳动阶级第一组的成员;要不然,他可以继续工作五年,然后领取二百镑,成为第三阶级第二组的成员;否则根据自己的愿望,他可以回到旧社会去自谋生活,也可以为仍愿保持目前生活方式的富豪财主和高级人士做工。

但我的结论是:社会上自最阔的富豪财主和最高阶层以下,各个阶级肯定地都将愿意享受身心的自由,而不愿意忍受身心的奴役;他们将愿意具有克己的习惯、健康的身体和合理的享受,而不愿意放纵、患病和受苦;他们将愿意周围有成千成万的性情善良、知识丰富和为人诚恳的朋友,大家一心相爱,利益一致,互相帮助;而不愿生活在目前社会的愚昧、虚伪和冲突的生活中;尤其是**用同样的财产和费同样的心思所产生的福利将比现有的任何办法所能产生的多十倍以上的时候**,他们就更愿意这样选择了。总之,总有一天人们会认为发展整个计划的细节并加以全面配合是聪明的办法;那时最低能的人也能明显地看出:旧社会状况是根本无法和**新**

社会状况相比的。**唯一真正的困难，将是如何制止人们过激地从一种社会状况冲向另一种社会状况。**

采取了这里所提出的**教区贫民**计划以后，英格兰和威尔士的各教区马上就可以大大减少济贫税，接着还可以逐步削减，直至完全取消为止。各教区还将给贫民以很大好处，使他们的生活大大改进，从而对国家和全人类作出莫大的贡献。因此，我认为各教区一旦理解这一计划，从而能使之付诸实施的时候，它们当然就会迫不及待地加以采纳。

为了使它们能采用这一计划，**第一个必要的步骤是把若干教区联合起来，**以便实行这一计划。**第二个步骤是做好安排，使它们用最后三年的平均济贫税的三分之一或一半做担保借得资本。**这样借来的款项的利息，由每年的济贫税支出。每年的济贫税由于贫民人数和开支减少，将自第一年起从现有的数目逐步削减，直至完全废除为止。教区做好这些安排以后，生产组织本部和附属建筑物的典范与管理规章都将准备就绪，这时便可以立即开始执行计划了。

在这里提一提下面这一点或许是有好处的：我在致工业和劳动贫民救济协会委员会以及下院济贫法委员会报告书中所讨论的计划，**只是**针对教区贫民提出的；当然社会上任何一部分人的生活都不致长期地比我所建议的这种生产组织中的个人生活更坏。在这种制度下，教区贫民将很快地改掉他们那些愚昧和粗俗的习惯，并将养成新环境迅速而又不知不觉地给他们形成的高尚性格；当这种结果无法抗拒地深入所有人心以后，现在社会上最卑贱和最可怜的人们就将为现存制度下富有而懒惰的人们所羡慕。这样一来，从旧制度到**新**制度的转变就必然会遍及天下。**那时**如果想阻挡这一计划在世界上任何地方实现，就像是一个人想用自己的微弱力量来遮住光芒四射、普照大地的阳光一样徒劳无益。

以上所说的一切，是现有的贫民中必将产生的一种有益的变化，而且费用也将大大减少。但在适当的安排下，社会上有能力可以独立生活的成员不久就会得到一种环境，可以提供他们所向往的一切，也就是提供真正有益于他们的幸福或者能不断增加其幸福的一切。

头等的自愿独立协作社所能得到的利益和有利条件，现在还没有人能够作出充分的估计。他们的精力将**不会有任何浪费**，而会全部用来使个人获得最大利益；他们虽然组成了协作社，可是个人所能享受到的东西却比本阶级中最成功的人所曾享受到的多得多。

这一阶级中的成员将很快地学会从容不迫、井井有条和卓有成效地管理自己新村的事务。他们可以随时自愿地加入组织或出让股份。他将获得从这种协作社中所能获得的一切无穷的利益。他们如果愿意改变生活、希望回到旧社会去，也能得到一切的方便。但是我认为，当人们体验并领会到新社会所能带来的一切好处时，谁也不会产生、也不会存有这种意念。他们很快地就不会受到犯罪和堕落的引诱，也不会产生那种动机。相反，他们将一心想使自己变得积极、快乐和厚道。他们将很快地获得有用的知识，使自己热情地从事改善所有周围的人的生活条件。每个人都将在这种事业中获得一种无往而不利的力量，这种力量是目前人们无法理解的；它将永远使这些社会保持令人心情舒畅、精神愉快的活

动,并将提供园地,使我们身心两方面一切的天赋能力得到充分的
发挥,而且这两种能力将只被引导着朝正确的方向发展。但是这
些可贵的特质将不限于他们的新村或协作社。受到这种适当训练
的人将不时地送到外面去旅行,以便吸收和推广经验,并以他们优
越的智慧和行为使世界获得协调和受到益处,从而在全人类之中
建立并逐步加强团结、友好和互助合作的关系。

　　他们有了像这样经过改善的品质以后,各种偏见就都可以克
服了;他们将知道怎样发扬每个人的心灵中最优良的品质,克服最
恶劣和最低级的品质;他们将根据自己的知识**采取行动**。他们将
进而从事有益的事情;**光是**从这种行为中所得到的快乐,**就足以**补
偿他们离开自己那健康、智慧、积极和幸福的新村住所而受到的损
失。这样一来,社会只需遭受最小的不便就可以从丧失理性的状
态转到具有理性的状态。

　　为了给这种变革铺平道路,我才提出了多种多样的组合办法,
以便使一直生活在某种环境中的人不致遭到生活在另一种环境中
的人的反对。

　　为了以最好的方式并在现有社会制度所能允许的最大可行的
限度内完成这一重要目标,我拟定了以下的表格。这是不列颠帝
国目前和上一代最常见的不同意见组合方式的一览表。

　　这些表格中所列的是:1. 旧社会按照新制度可以方便而自然
地分成的阶级;2. 目前有地位的和较常见的教派和党派;3. 和各
阶级相结合的或者可以和各阶级结合的各个党派和教派的组合
方式。

　　排列这些表格时,**对于外力给现有人类逐渐形成的弱点、偏见**

和错误是抱着同情心的。人们由于一系列原因而受苦受难；这些不难探索出来的一系列原因是超乎他们现有智力的理解范围的。排列这些表格的目的，是为了使人们更容易地了解自己在社会上所处的真正地位，并发现别人的头脑是如何充满了自己一直没有理解的想法；并且要说明有些人由于上述原因被迫在观念或感情的结合方式上与我们有所分歧，因而在判断是非的良知意识上也有所不同，我们迁怒或不满于他们，都是极其愚蠢的。

表　格

阶级、教派和党派的各种组合

阶　级

根据提案中的新村组织划分

1. **教区贫民阶级**，包括老弱病残、贫民的子女以及能够劳动并且愿意工作但无法获得职业的人。

2. 没有财产的**劳动阶级**，由第四阶级雇用。

3. **劳动阶级或自愿协作社**，包括目前每人拥有一百至两千镑财产的劳工、手艺人和小商人，从事工业和农业生产活动。

第三阶级各组					
第一组 100 镑	第二组 200 镑	第三组 300 镑	第四组 400 镑	第五组 500 镑	第六组 650 镑
第七组 800 镑	第八组 1,000 镑	第九组 1,200 镑	第十组 1,300 镑	第十一组 1,800 镑	第十二组 2,000 镑

4. **自愿独立阶级或协作社,**每人拥有一千至两万镑财产的**协作社,**这些人将用自己的资本雇用第二阶级或**劳动阶级**的人。

第四阶级各组					
第一组 1,000 镑	第二组 2,000 镑	第三组 3,000 镑	第四组 4,000 镑	第五组 5,000 镑	第六组 6,500 镑
第七组 8,000 镑	第八组 10,000 镑	第九组 12,000 镑	第十组 15,000 镑	第十一组 18,000 镑	第十二组 20,000 镑

以上任一**阶级**或**自愿独立协作社**中的五百人都可组成一个公社,创设**一个新村**。

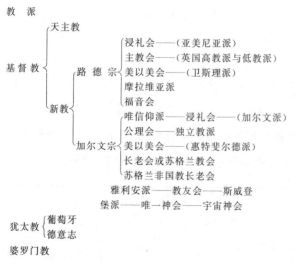

不列颠帝国主要的
教 派 和 党 派

教　派

天主教

基督教
新教

　　路 德 宗
　　　浸礼会——(亚美尼亚派)
　　　主教会——(英国高教派与低教派)
　　　美以美会——(卫斯理派)
　　　摩拉维亚派
　　　福音会

　　加尔文宗
　　　唯信仰派——浸礼会——(加尔文派)
　　　公理会——独立教派
　　　美以美会——(惠特斐尔德派)
　　　长老会或苏格兰教会
　　　苏格兰非国教长老会

雅利安派——教友会——斯威登
堡派——唯一神会——宇宙神会

犹太教
　　葡萄牙
　　德意志
婆罗门教
儒教
伊斯兰教
异教

政　党

激烈政府党
温和政府党
激烈辉格党
温和辉格党
激烈改革党
温和改革党
独立派或无
　党派人士

各组内的教派和政党				
1 亚美尼亚派美以美会和激烈政府党	2 苏格兰非国教长老会和无党派	3 福音会和激烈政府党	4 亚美尼亚派浸礼会和激烈辉格党	5 犹太教和温和辉格党
6 长老会和无党派	7 加尔文派美以美会和温和政府党	8 犹太教和激烈辉格党	9 教友会和激烈辉格党	10 雅利安派和温和政府党
11 斯维登堡派和无党派	12 唯一神会和激烈政府党	13 英国高教派和无党派	14 天主教和激烈政府党	15 雅利安派和无党派
16 唯信仰派和激烈政府党	17 英国低教派和温和改革党	18 浸礼会和无党派	19 亚美尼亚派浸礼会和温和政府党	20 长老会和温和辉格党
21 公理会和激烈改革党	22 唯一神会和温和辉格党	23 加尔文派美以美会和激烈政府党	24 犹太教和激烈改革党	25 福音会和温和改革党
26 摩拉维亚派和无党派	27 苏格兰非国教长老会和激烈政府党	28 唯一神会和温和政府党	29 斯威登堡派和激烈辉格党	30 独立教派和激烈辉格党
31 加尔文派美以美会和温和辉格党	32 天主教和温和改革党	33 长老会和温和政府党	34 加尔文派浸礼会和温和辉格党	35 教友会和激烈政府党
36 唯信仰派和温和辉格党	37 英国高教派和激烈政府党	38 雅利安派和激烈改革党	39 独立教派和温和辉格党	40 亚美尼亚派美以美会和无党派

续表

41 唯信仰派和激烈辉格党	42 加尔文派浸礼会和激烈政府党	43 福音会和无党派	44 苏格兰非国教长老会和温和改革党	45 摩拉维亚派和激烈政府党
46 亚美尼亚派浸礼会和无党派	47 长老会和激烈辉格党	48 独立教派和温和政府党	49 唯一神会和无党派	50 犹太教和温和改革党
51 摩拉维亚派和温和政府党	52 英国高教派和温和政府党	53 天主教和温和政府党	54 犹太教和激烈政府党	55 亚美尼亚派浸礼会和温和改革党
56 教友会和激烈改革党	57 加尔文派美以美会和激烈改革党	58 公理会和温和辉格党	59 独立教派和温和改革党	60 加尔文派浸礼会和激烈辉格党
61 亚美尼亚派美以美会和激烈辉格党	62 教友会和温和改革党	63 唯信仰派和温和政府党	64 摩拉维亚派和激烈辉格党	65 苏格兰非国教长老会和温和政府党
66 加尔文派浸礼会和温和改革党	67 宇宙神会和温和辉格党	68 宇宙神会和温和改革党	69 唯一神会和温和改革党	70 英国高教派和温和改革党
71 英国低教派和无党派	72 唯信仰派和激烈改革党	73 独立教派和无党派	74 福音会和激烈辉格党	75 雅利安派和激烈政府党
76 长老会和激烈改革党	77 福音会和温和辉格党	78 加尔文派美以美会和激烈辉格党	79 英国低教派和温和辉格党	80 教友会和温和政府党

81 唯一神会和激烈辉格党	82 斯威登堡派和温和改革党	83 天主教和激烈辉格党	84 亚美尼亚派美以美会和激烈改革党	85 教友会和温和辉格党
86 英国低教派和激烈辉格党	87 亚美尼亚派浸礼会和激烈政府党	88 英国高教派和激烈辉格党	89 加尔文派美以美会和温和改革党	90 天主教和激烈改革党
91 宇宙神会和温和辉格党	92 英国低教派和激烈改革党	93 教友会和无党派	94 英国高教派和激烈改革党	95 亚美尼亚派浸礼会和激烈改革党
96 公理会和温和政府党	97 亚美尼亚派美以美会和温和辉格党	98 犹太教和无党派	99 摩拉维亚派和温和辉格党	100 公理会和激烈辉格党
101 苏格兰非国教长老会和激烈改革党	102 摩拉维亚派和温和改革党	103 加尔文派浸礼会和激烈改革党	104 唯信仰派和温和改革党	105 福音会和温和政府党
106 雅利安派和温和改革党	107 公理会和激烈政府党	108 天主教和温和辉格党	109 独立教派和激烈政府党	110 雅利安派和温和辉格党
111 英国低教派和温和政府党	112 长老会和温和改革党	113 加尔文派浸礼会和温和政府党	114 独立教派和激烈改革党	115 斯威登堡派和温和政府党
116 长老会和激烈政府党	117 宇宙神会和激烈政府党	118 雅利安派和激烈辉格党	119 公理会和温和改革党	120 唯一神会和激烈改革党

续表

121 苏格兰非国教长老会和温和辉格党	122 公理会和无党派	123 英国高教派和温和辉格党	124 加尔文派美以美会和无党派	125 亚美尼亚派美以美会和温和改革党
126 福音会和激烈改革党	127 天主教和无党派	128 摩拉维亚派和激烈改革党	129 唯信仰派和无党派	130 亚美尼亚派浸礼会和温和辉格党
131 宇宙神会和激烈改革党	132 英国低教派和激烈政府党	133 犹太教和温和政府党	134 苏格兰非国教长老会和激烈辉格党	135 斯威登堡派和激烈改革党
136 亚美尼亚派美以美会和温和政府党	137 斯威登堡派和无党派	138 宇宙神会和激烈辉格党	139 斯威登堡派和激烈政府党	140 宇宙神会和温和政府党

此外,不列颠帝国目前还有无数较小的思想派别组合方式;但是要把阶级、教派和党派的每一种不同的支系都罗列出来,那是漫无止境的,而且会使人类最严肃的问题变成只能供人揶揄取笑的材料。

附注——完全接受宽宏教的人都能够,而且也都会与上述一切或任一教派和党派联合。

从最低阶级到最高阶级的任何人都可以最大限度地享受教育、卫生、安乐、自由和娱乐的好处。他们的一切生活享受将按照他们最初投入的资本和往后所能赚得的资本的多寡来决定。

伦敦和王国其他各地很快就将设立办事处,办理登记手续。凡愿意参加任何一种新协作社的,就可以到办事处去,声明他愿意成为某一新村的居民或成员,参加(比如说)第二、第三或第四阶级,和第三或第四阶级的第一到第十二组中的某组,并参加教派和党派表格中某一教派和党派。他的名字将填入适当的栏内,说明他的阶级、教派和党派。他应在该栏内签名，写明地址，并缴纳少数登记费。**任何协作社登记名额一满（比如说五百人），就可以建立一个生产组织。往后，登记人数每满五百就建立一个；只要头一个生产组织的准备工作完成了，我们也可以同时建立许多生产组织。**

如果在这里进一步讨论细节问题，就会使大家产生一种达到目标的愿望，这种愿望对于健康而有益地达到目标是有害的。这种变革不能在一星期或一个月内实现——纵使明年将举办许许多多事情使我们轻而易举地消除由于贫困而产生的最严重的祸害。变革总是会实现的。如果有人问这句话所根据的原理是什么，我的答复是：根据众所周知的自利原理；这一原理迫使所有的人在容易取得幸福时不愿再继续忍受卑污和痛苦的状况。

群氓或公众中无知的人，总之，眼光只限于一般乡土范围的人，无法猜测我为什么要声明自己跟现有政治制度和宗教制度中的错误完全无关。他们不知道，为了使他们获得实在而有保障的巩固利益，我的道路就只能像他们现在所见到的这样。上次会上所发表的宣言是当时绝对必须采取的一个步骤。反对人类智慧所遭受的一切最根深蒂固的、到目前为止无法克服的成见，对我来说并不是一个冒进而急躁的措施。我很早就知道，要把人类从卑贱的思想奴役、绝顶的无知、最坏的情欲、罪恶、贫困和各种各样的不幸中挽救出来，在某一时期内我就不可能不冒天下之大不韪，也不可能不使许多人对于我这种表面看来似乎鲁莽的行为感到厌恶和惧怕。没有一种新的理解、新的心情和新的思想，就不可能了解我这种行为；但是时机一到人们就会获得这一切。不久以后我们将只有一种行动、一种语言和一种人民。甚至在目前来说，人们"将刀打成犁头,把枪打成镰刀"①的时候已经快要到了,也可以说几乎已经到了。那时每个人都可以坐在自己的葡萄树下和无花果树下②,没有人来威胁他。更令人惊讶的是:你们对于反对自己的偏见的人比对于维护这种偏见的人更尊敬、更爱慕的时候也快到了,因为你们会发现,后一种人的教导只能使无穷无尽的祸害在社会中延续下去。

的确,朋友们,在我声明旧制度的偏见与错误都跟我毫无关系的那一天和那一个时刻(这是往后千秋万世都值得庆幸和纪念的一天),**宗教信仰的统治**就终止了。它那种恐怖、分裂、隔阂和反理性的统治权已经土崩瓦解,信徒们的疯狂与愚蠢也已顿然大白于世。当人们闭塞的心灵受到了启发,当人们清楚地看出,**任何宗教信仰**,不论怎样荒唐可怕,都可以为一切人所接受——这时人们就会知道,由于这一原因,宗教信仰不能有任何实际价值;它要是继续在世界上占统治地位的话,就必然会产生错误和痛苦。如果任其存留下来,在善良的人之中继续存在,就只能继续产生祸害。

从现在开始,**宽宏精神**将统治世界的命运。它的统治在**可加以论证的真理**的原则中深深地扎下了根,现在已经巩固地建立起来了。黑暗与破坏势力绝不能胜过它。

是的,今天全世界已经看到了最光辉灿烂的景象,这就是**与宗教信仰毫无关系的宽宏教**已经永远建立起来了。人类已经取得了思想自由。从今以后人将成为理性的动物,因此也就成为优越的

---

① 见本书第 109 页注。——译者
② 参见《旧约全书·列王纪上》,第 4 章,第 25 节。——译者

动物。

这种**新宗教**的性质是怎样的呢？

它与一切事实完全相符合，因此便是**正确的**。它是恒久忍耐，又有恩慈；不嫉妒；不自夸；不张狂；不做害羞的事；不求自己的益处，不轻易发怒；不计算人的恶；不喜欢不义，只喜欢真理。它凡事包容，凡事相信①（只要它们为事实所证明，而又没有任何地方明显地违反我们的感性知识）。

宽宏精神的力量是怎样的呢？

它是永不止息。先知讲道之能，终必归于无有；说方言之能，终必停止；（假）知识也终必归于无有。②

人们对于宽宏精神作了什么预言呢？

它被知道的有限，被讲的也有限；等那完全的来到，这有限的必归于无有了。我作孩子的时候，话语像孩子，心思像孩子，意念像孩子；既成了人，就把孩子的事丢弃了。我们如今仿佛对着镜子观看、模糊不清，到**宽宏精神取得唯一统治地位时**，就要面对面了。我如今所知道的有限；到那时就全知道；如同主知道我一样。③

宽宏精神是一切事物中最伟大的。

世界痛苦的最后审判日的征兆是什么呢？

"日月星辰要显出异兆，地上的邦国也有困苦，因海中波浪的响声，就惶惶不定。天势都要震动，人想起那将要临到世界的事，就都吓得魂不附体。""那时，他们要看见人子"（即真理）。**"有能**

---

① 参见《新约全书·哥林多前书》，第13章，第4—7节。——译者
② 同上书，第13章，第8节。——译者
③ 参见《新约全书·哥林多前书》，第13章，第9—12节。——译者

力、有大荣耀,驾云降临。一有这些事,你们就当挺身昂首,因为你们得赎"(脱离罪恶与痛苦)"的日子近了。""这世代还没有过去,这些事都要成就。"①

与宗教信仰毫无关系的真纯的宽宏教在目前和久后将产生什么后果呢?

在地上平安,喜悦归与人②。

对于在一个时期内必然会反对它的那些无理性的人,它将怎么办呢?

同情他们的心理病态,不断施仁以惠其人;这样,恶就会被善征服,直到它的本质完全改变,有害的倾向完全从人类之中消失为止。"那时豺狼必与绵羊羔同居,豹子与山羊羔同卧;少壮狮子与牛犊并肥畜同群;小孩子要牵引它们。在我圣山的遍处,这一切都不伤人,不害物;因为认识耶和华的知识要充满遍地,好像水充满海洋一般。"③

达成这一切的是哪种不可抗拒的力量呢?击败世上的强有力者并使他们感到恐惧的膀臂又在哪里呢?是谁说要有光,就有了光,④并且所有的人都见到了光呢?

这一令人惊奇的变革是全世界所有的大军历经以往各世纪都无法实现的,现在却已单单依靠不可征服和不可抗拒的**真理**的力量完成了(而且在完成变革的过程中对于任何具有生命或知觉的

---

①　参见《新约全书·路加福音》,第 21 章,第 25—28、32 节。——译者

②　同上书,第 2 章,第 14 节。——译者

③　参见《旧约全书·以赛亚书》,第 11 章,第 6、9 节。——译者

④　参见《旧约全书·创世记》,第 1 章,第 3 节。——译者

生物,都不存在任何邪恶的想法与愿望)。对这已完成的事业任何凡人都不能认为自己有半点功劳,这个一直不可名状的和不可思议的力量指导着每一个原子,控制着自然界的总体;在这个创世的世纪里,它使全世界对自身感到莫名其妙。

世界各民族都将感到震惊!他们一直尊重的神圣制度——他们那天下闻名的复杂的政治制度——以及他们那千差万别的家庭仪礼、习惯与语言——将不再受到人们重视。——"旧事已过,都变成新的了"①(请参看《以赛亚书》,第58、59章中所说的愚昧的灾难和必要的改革,以及第65章中所说的真理的普在和时机成熟后所要发生的变革)。

也许有人会问我,新社会与旧社会之间最典型的区别是什么呢?

这种区别是明确的和多方面的。

旧社会违背着从远古到现在所观察到的一切事实,竟认为人的性格是由他自己形成的!! 人类一切的事务也都受着这个荒谬观念的支配!!

新社会的人将由于密切而正确地注意一切现存的和可验证的事实而得到教益,认为母胎里的婴儿并不是由他自己形成的;往后将要铭刻在他天生的身心官能上的语言、品行、习惯、情感和社会关系也不是由他自己控制的;人的整个性格是由这些条件结合起来形成的。因此,旧社会的人从出生的时候起就开始了一套与事实完全相冲突的行为,天性受到愚昧的竭尽全力的抵制。但天性

---

① 见本书第125页注。——译者

不断地反抗愚昧,愚昧用尽了一切力量和残暴手段都不能使天性
屈服。子是愚昧便吁请迷信与虚伪来帮忙;它们共同创立了世界
上的一切宗教信仰或信条;它们是用残害身心的一切手段武装起
来的一群骇人的魔鬼。于是便产生了一场可怕的冲突;天性被征
服了,在很长一个时期内被迫听命于自己的征服者,成了愚昧与迷
信的奴隶。这时天性受到了难以形容的残酷待遇;如果它不是永
生不死的,如果它没有一种能够逐步起而反抗的力量,堪与自身可
能永远遭受的任何反对力量相匹敌或较之更优越,那么它早就被
置于死地了。随着时间的推移,愚昧、迷信、宗教信仰与虚伪的骇
人的恐怖气氛不知不觉地消退了。经验与天性结合起来,产生了
真正的知识和可以论证的真理。这种知识和真理一同生长,和它
们的双亲息息相关,亲密无间。它们逐渐强大起来,认识到自身的
力量,不久就迫切地想要进攻。但是天性和经验既然知道它们的
敌人有什么样的奸计和力量,便让它们养精蓄锐,但又让它们不断
受到与敌周旋并进行激烈斗争的训练,直到真理与知识确信自己
联合起来的力量无往不利的时候为止。到了那个时候它们就对愚
昧、迷信、宗教信仰、虚伪以及随同前来的一切牛鬼蛇神公开宣战
了。这些东西将立即发出警号,聚集力量准备应战。但是它们感
到非常沮丧,因为一向违反着自己的天性与意愿、被迫与它们结盟
并为它们出阵作战的宽宏精神,这时却逃出了它们的魔掌,而且宣
称今后将完全站在天性、经验、真正的知识和可以论证的真理的一
边;但是为了防止未来的一切灾难与痛苦,它将出面斡旋,为这些
在天性及其所向无敌的同盟者面前闻风丧胆、筋疲力尽的敌人尽
可能取得最宽大的投降条件。抗拒既然完全无效,这种提议马上

就被接受了。于是真理和宽宏精神便提出条件,这些条件既是它们提出的,因此也就是仁慈宽大的,说明它们没有受愤怒、报复和任何邪恶动机的影响。愚昧、迷信、宗教信仰和虚伪被允许保留它们的一切,在被征服的国家中仍然保持自由而不受干涉。但它们必须完全听从天性管辖,经验与真知则是天性的参议,从旁襄助。至于宽宏精神则在可以论证的真理和诚恳精神的协助下作为积极因素统治着新型社会的整个领域。

它们第一件关心的事是:为署理民政而制定一种**符合一切自然法**的新法典。它们宣布以下的说法是公正的,即**天性在出生前、幼儿时代、儿童时代和青年时代都永远是被动的——而且只是由于本身事先经历的一切,活动起来的时候才会产生害处或益处——所以天性不可能犯错误,因此也就不应当受惩罚:天性的一切错误都是在它处于被动时对它发生作用的力量所带来的;如果这些力量是正当的而不是自相矛盾的,天性就会积极为善,结果是普遍为人所爱,但是,如果那些力量是不正当的、非理性的,天性就会变得邪恶可憎,结果就会受到一切人的厌恶和憎恨。宽宏精神、真理和诚恳精神因此便规定,纯朴的人都不应当被人忽视,不应当受到不适当的待遇;他们的教育、社会关系、工作和生活等方面的客观条件都应当最合乎天性的真纯感情**;这些条件将由科学和实践这一对孪生姊妹加以安排,她们将同心协力实现一切应当完成的事情。其他一切细节规定都严格地和这些总法则一致。真理时时都在注意,只要有**丝毫脱离它所喜爱的"自相矛盾就是错误"**这一法则的倾向,它就指示出来。因此,新型社会领域中的任何事情都绝不容许有**自相矛盾**的现象。

　　以上所说的是旧社会与**新社会**中的人的基本区别。在旧社会中,人**一直是**恶劣的、轻信的、迷信的和虚伪的。在**新社会中他必然会变成**有理性的、聪明的、颖慧的、诚恳的和善良的。在旧社会中,世界是贫困、奢侈、邪恶、罪恶和苦难的渊薮,而在**新社会**中,世界则是健康、节制、智慧、美德和幸福的乐园。但是从一种社会变成另一种社会千万不能操之过急。我所要求的一切只是:**让变化逐渐发生,并以纯真的仁慈精神来实行**,不让任何人的心灵、身体和财产受到损害。

　　因此,朋友们,现在我们便有一项最重要的任务要完成。我们祖先的制度虽然是错误的,但绝不能诉诸暴力,也不能粗暴地去触犯它们。不能这样做:我们仍然必须小心翼翼地加以保留、支持和保护,直到新社会在默不作声的实践中大大地获得了进展时为止,也就是直到新社会证实它能给人类带来无数重大利益,甚至使最不相信的人都相信了为止。

　　任何人的**人身、财产和安乐**都不应受到损害。所有的人很快就会顺从这种改革,并伸出援助之手。

　　名目繁多、无穷无尽的现有宗教信仰或信条一直使整个世界浸沉在血泊之中,并使世界成为灾祸荒漠之区;但它们的宣教者全都会驯服地成为**宽宏精神的宣教者**。他们的一切言语和行动将充满仁慈精神,他们将来每前进一步都将获得显著和重大的成功。他们不会再说:"我们向你们吹笛,你们不跳舞。"①也不会说:"**我们讲了道,但是没有用。**"

① 参见《新约全书·马太福音》,第 11 章,第 17 节。——译者

整个社会的结构可以保持现状。英国宪法将随时承认每一种保证帝国利益与幸福所必需的改良措施。世界上空前未有的大规模**变革**,将在不使用暴力、不发生混乱或任何十分明显的反抗的情况下完成。人类的感情和利益迫切地要求这种变革。全世界都赞同——谁也不能阻挡。

因此,在时机成熟的时候,在人们还没有十分知道变革已经开始的时候,大功就已经告成了。

这种变革就像夜间的贼一样[①]悄悄地跑到世界上来了!

谁也不知道它从哪里来,往哪里去![②]

罗伯特·欧文

1817 年 9 月 6 日

附注:任何明智的人都绝不会根据我所说的话就认为我是一切宗教的敌人。相反,我以往一直,而且将来也会努力维护真正宗教的利益,并使它在全世界巩固地建立起来。我很清楚,而且现在也能证明,在所有的人中,真理、纯正宗教和人类幸福的真正敌人,是每种宗教中直接和明显地跟现有事实相矛盾的部分,这些都是由懦弱的、错误的或居心叵测的人物加到纯正宗教中去的。把这一切从基督教体系中除去后,基督教就将变成博爱的宗教,可以而且也会使人变得有理而幸福了。只要实现了这种变革,我就会变成一个名副其实的基督徒。

---

① 参见《新约全书·帖撒罗尼迦前书》,第 5 章,第 2 节。——译者

② 参见《新约全书·约翰福音》,第 3 章,第 8 节。——译者

讲 演 词 三

（论紧急济贫措施；1817 年 9 月 19 日发表）

近日来时时刻刻都有因现行恶劣制度的后果而备受损害的人向我提出紧急呼吁，这使我感到责无旁贷，必须谈谈目前在人们如此殷切盼望的救济方面所采取的实际措施。

人们所遭受的灾害在身心两方面都有。但是影响身体的灾害必须毫不迟延地予以消除。我呼吁所有同情他人痛苦的人都认真注意为达到这一目的而拟制的方法。不管没有经验的或空谈理论的人对这个题目将写些什么或说些什么，现在我们都可以看出，从最后的效果来说，除了我所提出的措施以外，其他措施都没任何实际价值。因而我再一次唤醒公众对自己负责，努力克服自己的偏见、懦弱和错误。我很清楚这一切不可能在一天或一个星期之内完全克服。我们必须让它们有充分时间逐渐地、几乎不知不觉地消失。但我所计划和推荐的措施，并不需要跟那些使人们发生隔阂的心理病态发生冲突。

救济受苦受难和堕落的人的实际办法已经提到诸位面前了。这些办法很容易采用，符合你们各种各样的信条；而且在你们的头脑变得十分健康，能够发现并掌握周围比比皆是的善良事物之前，

在你们获得一种能力,能够认识到可以论证的真理在许多方面都
比根据并包含着最明显的矛盾的制度在执行中所不断产生的祸害
优越之前,这些办法实行起来都没有多大的不便之处。

　各阶级、各教派和各党派的许多人都满腔热诚地推动这一切
实际措施,决心要对自己的同胞尽到责任,但又要完整地保持自己
所接受的宗教观念。我个人并不要、也不希望这些人有旁的做法。
我的计划并不要求建立一个教派,也不打算劝诱人们改换信条。
我的实际行为一直不是这样。我一直是提倡最大限度的宗教信仰
自由,这是唯一真正的思想自由,也是真理和智慧的源泉。

　我很清楚,在人类性格的形成以及宗教信仰非徒无益而又极
为有害的问题上,在不久的将来全人类的看法将和我的看法趋于
一致。对我来说,这一问题早就是一门学向,可以由我强制世人接
受,而且在适当的时候也会这样发展;这就是说,当人们有了思想
准备可以接受这门学问而不致伤害本身和其他人时,我就要强制
他们接受。但是请大家不要误会,我并不想要世人用一个新人物
的名声来代替旧人物的名声,也不想要世人受到错误的影响。我
到你们这儿来不是为了立一个名声,而只是要让大家解脱显赫的
名声所造成的一切错误和祸害。请大家好好想想我现在所要说的
一切,考虑一下这些东西对你们本身和你们后代的一切重大后
果吧。

　**我丝毫不想身后留名,让世人缅怀片刻,虽然我知道我将永垂
不朽。现在我连整个人类的尊敬甚至崇拜都丝毫不予重视。我认
为这些虚幻的希望和欲望本身就是懦弱,而且其价值之低我还找
不出现成的话来形容。不久以后别人也会具有同样的看法。**

　　我一切努力的唯一目的就是为大家造福，使大家从身心两方面最可悲的奴役和痛苦中解脱出来。你们不再怀疑我这些话的时日马上就要到了。

　　为了用最妥善的方式并根据实际情况尽可能迅速地为你们取得这种福利，我们将立即在舰队街坦普尔大院设立一个事务所，由一位绅士负责，这个人在各方面都是很合适的，并且非常乐意把这一制度的实际部分向上下各阶层和各界人士中诚恳希望了解情况的人进行详细解释。人们有了这种知识就必然会清楚地认识到这些方法，用这些方法可以通过人人都能获益的方式使贫民和劳动阶级解脱目前的苦难，使国家摆脱济贫税和贫穷现象的一切流弊，并且还可以使健康、节制、亲密的关系、愉快的工作和日益增进的智慧和幸福等来代替疾病、放纵、互相对立、残酷的劳动、愚昧和痛苦。总之，人类通过这些方法就可以用最简单的方式获得人们根据目前世界上的经验和知识所能获得的最大利益。

　　但是我迫切希望的是，要防止目前无法运用自己的能力为本身或他人谋福利的人怀有急躁情绪。他们的境况十分困苦，这一点我是完全理解的。正是由于正确地认识了他们的苦难，我才努力尽速地救济他们。

　　即将建立的第一个团结合作的新村，将在某种程度上成为我国和世界各国所有其他新村的典范，因此就应当具有现代科学所能提供的一切便利条件，以便在实践中说明：人的能力一味听从愚昧的驱使而行动并使人变得自私的结果同综合历代的经验与智慧来指导各种活动和事务的结果有何等巨大的差别。实践很快就会证明，其相去之远有如一与恒河沙数之悬殊。当一般人清楚地认识到这些结果以后,那真是所谓"世界会对自身感到莫名其妙。真的! 它会马上就感到自己存在的地方一直是漆黑一团"。

但要完成这样一个牵涉到我们当代和子孙万代的安乐、福利和幸福的科学安排,就需要充分的冷静考虑和各种精通每一细节的人的合作,以便使最为无依无靠的弱者得到一般的公平待遇;同时也可以向人们证明促使我们行动的真正动机完全是一尘不染的纯正宗教,也就是宽宏的宗教、真正爱同胞的宗教,并不杂有任何利己而不惠及他人的动机。

这样的安排在明年年初以前是无法完成的,但我希望能提前完成,以便尽量使准备按照这种安排行动的人在开春的时候能着手建立新村和附属建筑物。

为了使公众的思想跟上这一重要工作,我们将发行一种名为《真理之镜》的刊物,每月出版两次。在这一刊物中,所有反对新型社会的意见都将得到坦率的答复,对于新型社会的正确性和幸福的效果的一切怀疑也将加以消除。它将使光明出现,使任何人都不停留在黑暗中。

《真理之镜》对拥护旧制度和新制度的言论将**一视同仁地**予以刊载。它的一切行动的标志是:对各阶级、各教派和各党派的坦率的意见将采取完全无分轩轾的态度。由于我们心目中的目标**只有真理**,所以最明智的反对意见乃是我们梦寐以求的。该刊的缘起不久就将公布。

在该刊发行以前,有关新型社会的一切问题在下月初可以向威尔克斯博士当面或**付足邮资**以书面提出。地址是:伦敦舰队街坦普尔大院新型社会报名处。

　　所有根据慈善精神当面或书面提出的问题都将立即得到耐心的处理。一切对于本事业具有实际价值的消息材料都将受到欢迎。

　　应当补充的是,在坦普尔大院报名处没有开办以前,将继续在下列各地办理报名手续:温波尔街林赛尔商店;佩特诺斯特街朗曼公司;滨河路卡德尔与戴维斯公司;皮卡迪利广场哈查德公司;康希尔街阿奇商店。

罗伯特·欧文

1817 年 9 月 19 日于波特

兰广场,夏洛蒂街 49 号

图书在版编目(CIP)数据

新社会观/(英)罗伯特·欧文著;柯象峰,何光来,秦果显译.—北京:商务印书馆,2022
ISBN 978-7-100-21762-0

Ⅰ.①新… Ⅱ.①罗…②柯…③何…④秦…
Ⅲ.①性格形成 Ⅳ.①B848.6

中国版本图书馆 CIP 数据核字(2022)第 184754 号

新社会观

〔英〕罗伯特·欧文 著

柯象峰 何光来 秦果显 译

商 务 印 书 馆 出 版
(北京王府井大街 36 号 邮政编码 100710)
商 务 印 书 馆 发 行
北京艺辉伊航图文有限公司印刷
ISBN 978-7-100-21762-0

2022 年 12 月第 1 版　　　开本 850×1168 1/32
2022 年 12 月北京第 1 次印刷　　印张 9⅝ 插页 2
定价:60.00 元